Distribución de la Energía Eléctrica

I0481029

Ing. PABLO PEDRONI

Distribución de la Energía Eléctrica

UNIVERSITAS
CÓRDOBA
EDITORIAL CIENTÍFICA UNIVERSITARIA

Pje España 1467. Te/Fax: 4680913. (5000) Córdoba. Argentina – editorialuniversitas@yahoo.com.ar

Diseño de Tapa: Universitas. Pje. España 1467. Te/Fax: (351) - 4680913. (5000) Córdoba. Argentina.
Autoedición: Email: editorialuniversitas@yahoo.com.ar
Producción Gráfica: www.universitaseditorial.com.ar

Prohibida su reproducción, almacenamiento y distribución por cualquier medio, total o parcial sin el permiso previo y por escrito de los autores y/o editor. Esta también totalmente prohibido su tratamiento informático y distribución por Internet o por cualquier otra red. Se pueden reproducir párrafos citando al autor y editorial y enviando un ejemplar del material publicado a esta editorial.

Hecho el depósito que marca la ley 11.723.
Impreso en Argentina - Printed in Argentine

© 2020 Segunda Edición. UNIVERSITAS.

A mi esposa Norma
y mi hijo Juan Pablo

Prólogo

La Cátedra *"Transmisión y Distribución de la Energía Eléctrica"* (*Electrotecnia III*) de la Facultad de Ciencias Exactas Físicas y Naturales de la Universidad Nacional de Córdoba, estuvo hasta finales de la década del 60 a cargo de un insigne docente, el Profesor Ingeniero Pierino Papis, quién desde su Suiza natal aportó no sólo su amplio dominio de la energía eléctrica de potencia sino también su experiencia en obras y empresas de trascendencia.

Tuve la oportunidad de iniciar mi carrera docente bajo su conducción, estímulo que continuó luego con su sucesor el Prof. Ing. Francisco Bazán hasta su jubilación. Cuando hacia fines de la década del 70 tomé la responsabilidad de conducir esta Cátedra, conté con la colaboración y apoyo de tres docentes excepcionales: los ingenieros Diógenes Pérez Solares, Ricardo Torassa y Pablo Pedroni. Formamos un equipo que a través del tiempo fue ampliando el contenido curricular de la asignatura, a la vez que emitiendo anualmente Guías Teóricas y Prácticas en carácter de "Apoyos Didácticos". La Cátedra se caracterizó luego como *"Transmisión, Distribución, Tecnología y Economía de la Energía Eléctrica"* y a partir del año 1992, sufrió modificaciones, motivo de nuevos planes de estudio, creándose la materia de *"Economía de la Energía"*. Posteriormente, el nuevo plan de Estudios de Ingeniería en cinco años, culminó con la formación de otras dos cátedras independientes: *"Transporte de la Energía Eléctrica"* y *"Distribución de la Energía Eléctrica"*, precisamente esta última a cargo entonces del *Ing. Pablo Pedroni*. En tal carácter, este profesor lanza, hoy ya en forma de libro, un moderno compendio sobre *"Distribución de Energía Eléctrica"*, que será de suma utilidad, no sólo para los estudiantes universitarios de nuestro medio, sino también para los actuales profesionales de ingeniería de la región centro del país.

Felicitaciones *Ing. Pedroni* por su trabajo y por el atrevimiento de incursionar en un área tan difícil como editar en el medio universitario argentino.

Córdoba, julio de 2005

Ing. Fabio J. Olivero
Prof. Consulto
UNIVERSIDAD NACIONAL DE CÓRDOBA

ACERCA DEL AUTOR

- Ing. Mecánico Electricista UNC 1969

- Especialista en Docencia Universitaria U.T.N. 2000

- Profesor Titular en Distribución de la Energía Eléctrica desde 2000 UNC.

- Profesor Adjunto en Transporte de la Energía Eléctrica desde 2005 UNC.

- Profesor Adjunto por Concurso en Transmisión y Distribución de la Energía Eléctrica desde 1993 a 2000 UNC.

- Profesor Adjunto por Concurso en Electrotecnia III (Transmisión, Distribución y Tecnología de la Energía Eléctrica) 1986-1992 UNC.

- Profesor Adjunto Electrotecnia III 1985-1992 UNC.

- Jefe de T.P. Electrotecnia III 1984-1985 UNC.

- Ayudante Docente Electrotecnia III 1979-1984 UNC.

- Profesor Adjunto Instalaciones Eléctricas 1982-1985 UNC.

- Jefe de T.P. Electrotecnia I 1980-1985 UNC.

- Ayudante Docente Electrotecnia I 1978-1979 UNC.

- Profesor de la Univ. Tec. Nac. F. R. Cba., desde 1978

- Profesor del Instituto Superior del Profesorado Tecnológico desde 1991

- Consejero Docente, Director de la Escuela de ingeniería Mecácnia Electricista, Jurado de Concursos, etc. UNC.

- Asesor de Cooperativas Prestadoras del Servicio Eléctrico

- Asesor de Empresas Constructoras

- Consultor independiente del sector público y privado.

INDICE

Introducción

La participación en el equipo docente de la Cátedra de Electrotecnia III (Transporte, distribución, tecnología y economía de la energía eléctrica) a partir del año 1978 y de las que le sucedieron, para los planes de la carrera de Ingeniería Mecánica Electricista, hasta la actual " Distribución de la energía eléctrica", me impulsan a revisar la documentación recopilada, elaborada, que analizada y reordenada se presenta de una manera simple y sencilla, al alumno con el fin de un mejor cursado de la materia y al profesional novel para facilitarle encarar obras en la región.

La publicación de este libro de " Distribución de energía eléctrica" resume la experiencia de más de treinta años tanto en el ámbito privado como público de la República Argentina y otros países. La mayor parte de ella realizada en el ámbito de Consultoras y Cooperativas de Servicios Públicos, especialmente en el rubro energía eléctrica.

Me ayuda a encarar esta etapa, la difusión de la anterior " Guía de estudio de distribución de energía eléctrica" no solo en el ámbito de la Cátedra, sino también para otras unidades académicas de la región y del país.

He tratado de ordenar los temas en la forma natural que se presentan, ya sea en la tarea diaria como cuando se debe ejecutar un proyecto específico.

Se complementa esta presentación con dos anexos, el primero relativo a normas y reglamentos de uso frecuente en la región y el segundo respecto a temas no desarrollados en la presente, o con mayor alcance o profundidad que la materia requiere.

Para mejora en el futuro esta publicación, espero la colaboración de los lectores, por medio de sugerencias y aportes para enriquecer la publicación.-

Prof. Ing. Pablo Pedroni
Córdoba, julio de 2005

CAPÍTULO 1

DISTRIBUCIÓN ELÉCTRICA, NIVELES Y SISTEMAS COMERCIALES

COMERCIALIZACION DE ENERGIA ELECTRICA EN LA R.A.

Desde la generación hasta el suministro al usuario, la energía eléctrica en C.A. a 50 Hz en la República Argentina, se ubica dentro de las siguientes niveles de tensión:

MAT	500/220 kV
AT	132/ 66 kV
MT	33/13,2 kV
BT	380/220 V

No obstante, por razones propias de los usuarios, algunos pueden utilizar dentro de sus plantas otros niveles de tensión (plantas de siderurgia, cementeras, formadores de placas de baterías, etc.)

Aparatos de uso doméstico y comercial:

Los aparatos de uso domiciliario están especificados por la Secretaría de Comercia para 220 V : 200/250 V (S.C.)

Características de la Región:

Ente Regulador: ERSEP

Distribuidoras: EPEC y Cooperativas de Servicios   Públicos.

Sistema de B.T. :380/220 V con neutro a tierra.

Principales aspectos: caídas de tensión admisibles iniciales para proyecto

- domiciliario 3% en el punto de acometida.

- fuerza motriz 5% en el punto de acometida

(recordar otro tanto igual en los circuitos del usuario por exigencias municipales o de otros organismos de jurisdicción).

Eslabones del sistema electroenergético en la R. A. (resumen)

Generación: empresas generadoras (diversas fuentes de energía, hidráulica, térmica, atómica, etc.)

Transporte: sistema interconectado nacional (nodo a nodo)

Distribuidoras: En la Pcia. de Córdoba, Empresa pública (EPEC) y Cooperativas de Servicios Públicos).

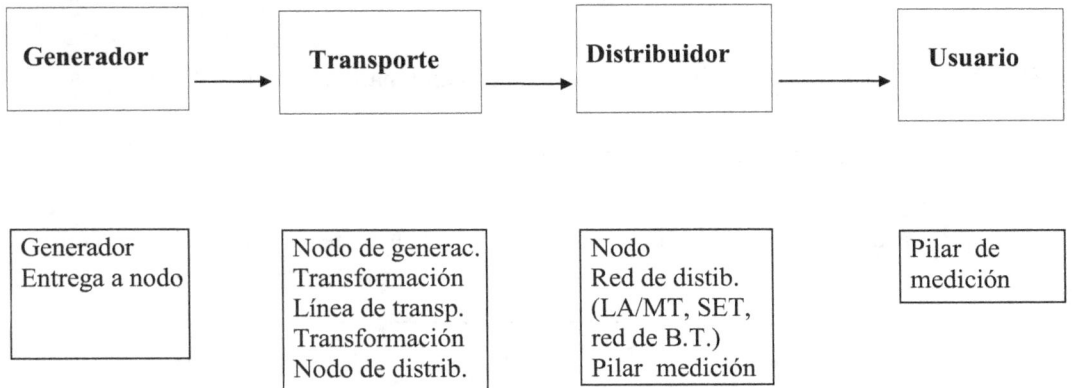

Mayor información sobre la comercialización de la energía eléctrica en la Rep. Argentina se encuentra disponible en las páginas web del ENRE, ERSEP, Asociaciones y Federaciones de Generadores y Distribuidores

CAPÍTULO 2

BAJA TENSIÓN

Siendo válido para otros niveles de distribución, tradicionalmente se estudian:

DISTRIBUCIÓN A SECCIÓN CONSTANTE

Sea el punto A_0 que alimenta los puntos A_1 y A_2. Las Corrientes distribuidas son I_1 e I_2.

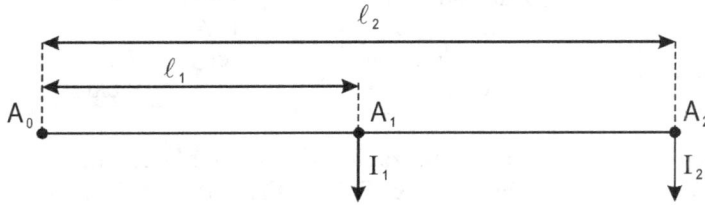

Consideremos únicamente la caída de tensión resistiva. Sea:

r_1	La resistencia entre A_0 y A_1.
r_2	La resistencia entre A_0 y A_2.
ℓ_1	Longitud entre A_0 y A_1.
ℓ_2	Longitud entre A_0 y A_1.

La caída de tensión será:

$$r_1\left(I_1 + I_2\right) + \left(r_2 - r_1\right)I_2 = r_1 I_1 + r_1 I_2 + r_2 I_2 - r_1 I_2 = r_1 I_1 + r_2 I_2$$

Nos dice que:

> *La caída de tensión es proporcional a los momentos eléctricos.*

Sabemos que la resistencia es:

$$r = p\frac{1}{S}$$

Donde:

p = resistividad en ohm . m / mm^2

ℓ = longitud en m

S = sección en mm^2

Para u = caida de tensión [V], siendo varias las cargas

$$u = \frac{p}{S}\sum\left(\ell_1 I_1 + \ell_2 I_2 + \ldots\ldots\right) \qquad I \text{ en } \left[\text{Amper}\right]$$

$$S = \frac{p}{u}\sum\left(\ell_1 I_1 + \ell_2 I_2 \ldots\right)$$

Como estamos considerando corriente continua o alterna monofásica tenemos que considerar la longitud doble para tener en cuenta el retorno.

Si la carga es uniformemente repartida sobre la longitud ℓ, la sumatoria se transforma en una integración de términos de la forma l $(i\ dl)$ de donde:

$$S = \frac{p}{2u}\ell.I$$

Es decir que desde el punto de vista de la caída de tensión para el conductor es como si la carga estuviera concentrada en el punto medio. La carga concentrada es la suma de todas las cargas. Existe una perfecta analogía con los momentos de las fuerzas en resistencias de materiales, por lo tanto las caídas de tensión son proporcionales a los momentos eléctricos. En el cálculo de las redes eléctricas se pueden aplicar los principios de la Estática Gráfica.

DISTRIBUCIÓN A SECCIÓN VARIABLE CON LA CARGA

Desde el punto de vista económico es conveniente buscar el camino de secciones variables según las cargas que la atraviesan. Lo primero que se puede hacer es buscar una sección tal que la densidad de I sea constante.

Esta solución es la más económica, o sea la de peso mínimo de conductor.

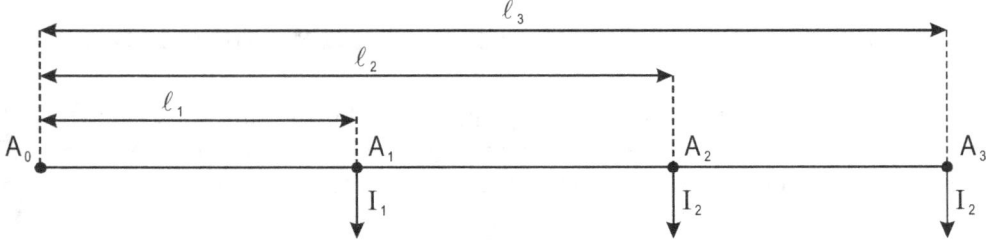

La caída de tensión será:

$$u = p\left[\frac{\ell_1}{S_1}(I_1 + I_2 + I_3) + \frac{\ell_2 - \ell_1}{S_2}(I_2 + I_3) + \frac{\ell_3 - \ell_2}{S_3} \cdot I_3\right] \qquad [1]$$

El peso del conductor será igual, siendo   el peso específico a

$$P = \delta\left[\ell_1 S_1 + (\ell_2 - \ell_1)S_2 + (\ell_3 - \ell_2)S_3\right] \qquad [2]$$

Para encontrar el peso mínimo de conductores en función de las secciones debemos derivar (1) y (2) considerando u = Cte e igualando a cero la (2).

$$\frac{\ell_1}{S_1^2}(I_1 + I_2 + I_3)dS_1 + \frac{\ell_2 - \ell_1}{S_2^2}(I_2 + I_3)dS_2 + \frac{\ell_3 - \ell_2}{S_3^2}I_3 dS_3 = 0$$

$$\ell_1 dS_1 + (\ell_2 - \ell_1)dS_2 + (\ell_3 - \ell_2)dS_3 = 0$$

Para que esto se cumpla tiene que ser:

$$\frac{I_1 + I_2 + I_3}{S_1^2} = \frac{I_2 + I_3}{S_2^2} = \frac{I_3}{S_3^2}$$

es decir cada sección tiene que ser igual a la raíz cuadrada de las I que las atraviesan.

Podemos calcular estas secciones:

$$S_2 = S_3\sqrt{\frac{I_2 + I_3}{I_3}}; \qquad S_1 = S_3\sqrt{\frac{I_1 + I_2 + I_3}{I_3}};$$

$$S_3 = \frac{p}{u}\left[\ell_1\sqrt{I_3(I_1 + I_2 + I_3)} + (\ell_2 - \ell_1)\sqrt{I_3(I_2 + I_3)} + (\ell_3 - \ell_2)I_3\right]$$

En la práctica elegimos las secciones comerciales y vamos escalonando en sentido decreciente hasta llegar al punto más alejado del centro de alimentación. Elegimos la sección de cada tramo y calculamos la caída de tensión en cada tramo. Luego sumamos el total de las caídas de tensión y siempre tiene que ser menor que la caída establecida por E.T. entre el punto de alimentación y la última acometida.

DISTRIBUCIÓN ALREDEDOR DE UN CENTRO DE CARGA.

Tenemos que encontrar la posición de un punto A_0 de alimentación a los puntos A_1, A_2 y A_3 de tal forma que el peso de conductores sea mínimo. Consideramos la caída de tensión máxima admitida en los extremos y constante a lo largo de cada tramo.

Las coordenadas rectangulares de cada punto son:

$$A_0\ (X_0;\ Y_0) \qquad A_1\ (X_1;\ Y_1)$$
$$A_2\ (X_2;\ Y_2) \qquad A_3\ (X_3;\ Y_3)$$

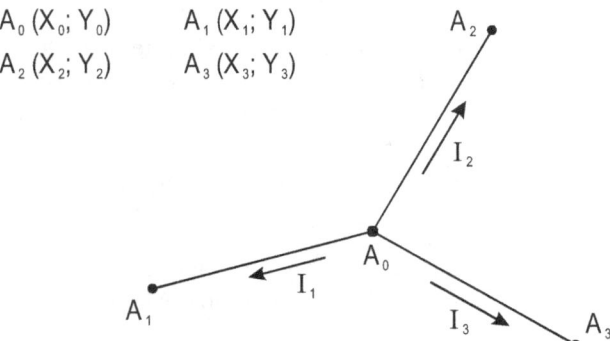

Estas coordenadas suponen los dobles de las longitudes reales considerando al conductor de retorno.

La caída de tensión en cada tramo es:

$$u = \frac{p}{S_1}\sqrt{\left(X_1 - X_0\right)^2 + \left(Y_1 - Y_0\right)^2}\,I_1 \qquad [1]$$

$$u = \frac{p}{S_2}\sqrt{\left(X_2 - X_0\right)^2 + \left(Y_2 - Y_0\right)^2}\,I_2$$

y el peso del conductor:

$$P_c = \delta\left[S_1\sqrt{\left(X_1 - X_0\right)^2 + \left(Y_1 - Y_0\right)^2} + S_2\sqrt{\left(X_2 - X_0\right)^2 + \left(Y_2 - Y_0\right)^2} + S_3\sqrt{\left(X_3 - X_0\right)^2 + \left(Y_3 - Y_0\right)^2} + ... \right] \qquad [2]$$

Reemplazando (1) en (2), tenemos

$$P_c = \frac{\delta\rho}{u}\left[\left(X_1 - X_0\right)^2 + \left(Y_1 - Y_0\right)^2\right]I_1 + \frac{\delta\rho}{u}\left[\left(X_2 - X_0\right)^2 + \left(Y_2 - Y_0\right)^2\right]I_2 + \frac{\delta\rho}{u}\left[\left(X_3 - X_0\right)^2 + \left(Y_3 - Y_0\right)^2\right]I_3 + ... \qquad [3]$$

Derivando (3) con respecto a X_0 y Y_0 se tienen las condiciones de mínimo peso del conductor

$$\begin{cases} \sum I_1\left(X_1 - X_0\right) = 0 \\ \sum I_1\left(Y_1 - Y_0\right) = 0 \end{cases}$$

Esta expresión corresponde en Mecánica a la posición del centro de gravedad de las masas. Por lo tanto el centro de carga o centro de distribución deberá coicidir en el centro de gravedad de la figura formada por A_1, A_2 y A_3, afectada cada una con una masa igual a las corrientes de cada acometida.

Para calcular el centro de cargas o sea el lugar de ubicación de la estación de MT/BT, consideramos toda la potencia o corriente consumida en cada manzana de loteo. De la composición de cada manzana surge el centro de gravedad eléctrico del loteo.

DISTRIBUCIÓN EN ANILLO:

En los cálculos de redes de distribución en baja tensión hemos adoptado hipótesis a efectos de disminuir la complejidad del problema a resolver; en este caso presuponemos que las cargas estarán uniformemente repartidas y que el factor de potencia será el mismo para todas. Para quienes enfrenten problemas distintos al planteado deberán efectuar las adecuaciones o correcciones a sus respectivos cálculos a fin de satisfacer el requerimiento que se les plantee.

Para el caso general, bajo las condiciones descriptas, un anillo alimentado desde un punto, es factible seccionarlo en el punto de alimentación y considerarlo como línea alimentada desde sus extremos con la misma tensión en magnitud y fase, para lo cual consideraremos dos casos:

a) Funcionamiento normal.

b) Funcionamiento en emergencia (desde un solo extremo).

En líneas abiertas la máxima caída de tensión se produce en el extremo, en líneas en anillo o alimentadas desde sus extremos, no se sabe donde se sitúa el punto de máxima caída.

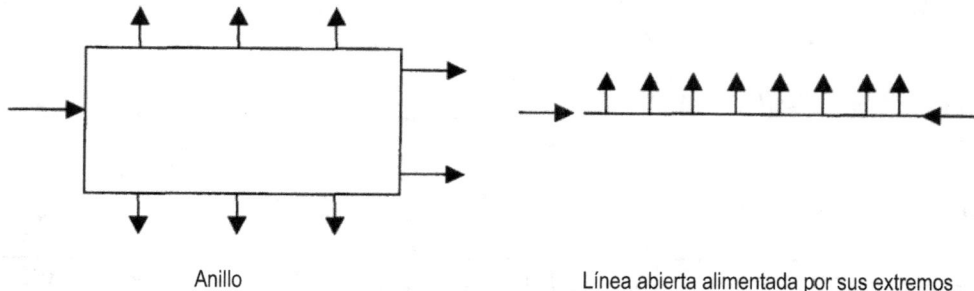

Anillo   Línea abierta alimentada por sus extremos

En el caso de conductor y carga única, la corriente suministrada será inversamente proporcional a las Z entre cada punto de alimentación y la carga.

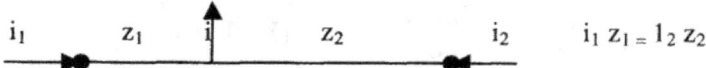

$$i_1 \quad z_1 \quad 1 \quad z_2 \quad i_2 \qquad i_1 z_1 = i_2 z_2$$

Si la carga estuviese en el centro de la línea, cada extremo suministraría la mitad de la corriente; si hay varias cargas, siempre una será alimentada por corrientes de ambos lados.

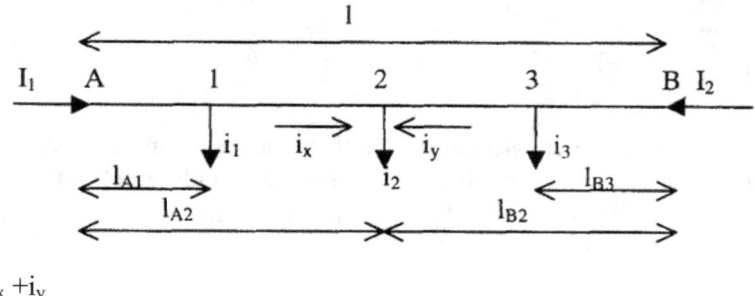

$i_2 = i_x + i_y$

$i_1 l_{A1} + 1_x l_{A2} = i_3 l_{B3} + i_y l_{B2}$

$$i_y = i_2 - i_x$$

$$i_1\, l_{A1} + i_x\, l_{A2} = i_3\, l_{B3} + (i_2 - i_x)l_{B2}$$

operando y despejando i_x

$$i_x = (i_3\, l_{B3} - i_2\, l_{B2} - i_1\, l_{A1})/\, l$$

Para la hipótesis planteada de cargas uniformemente repartidas con el mismo factor de potencia, podemos ubicar la resultante de cargas (como si se tratase de una viga cargada) y desde allí analizar como dos tramos iguales con la mitad de su carga en cada tramo. Para otras alternativas será necesario en cada caso plantear correctamente y ubicar cual es la carga que recibe suministro simultáneo de cada extremo. Siempre la caída de tensión será la misma sea cual sea el sentido en que se recorra el tramo del anillo (la caída de tensión por la izquierda será igual a la caída de tensión por la derecha). Es de aplicación el principio de independencia de las acciones y superposición de los efectos.

ELECCIÓN DE UN CONDUCTOR SUBTERRÁNEO:

La potencia en watt (W) se transforma en I (A) con cos $\varphi = 0,8$

P_N = Potencia Nominal

$$P_N = \sqrt{3}\,EI_N \cos\varphi$$

$$I_N = \frac{P_N}{\sqrt{3}E \cos\varphi}$$

Esta corriente se la corrige antes de elegir el cable en tablas.

$$I = \frac{I_N}{F} \quad \text{donde} \quad F = F_1.F_2.F_3.F_4$$

Correcciones.

1) Resistividad térmica del terreno, determinado por pliego. Tomamos 150 $C.cm/w$ para una sección de cable de hasta 25 mm^2.

   $F_1 = 0,86$

2) Factor según cable tetrapolar hasta $E = 0,6$ kV.

   $F_2 = 1$

3) Temperatura ambiente, cables hasta $E = 0,6$ kV.

$$F_3 = 0,77$$

4) Acumulación de cables: no hay.

5) Apoyado en el suelo; un cable de más de 2 cm de diámetro

$$F_5 = 0,95$$

6) Disposición especial: no hay.

La corriente de cálculo se obtiene:

$$I = \frac{I_N}{0,80 \times 1 \times 0,77 \times 1 \times 0,95 \times 1} = \frac{I_N}{0,58} = 1,72\ I_N$$

Se elige el tipo de cable subterráneo según tablas. Elegimos un cable de sección nominal de 25 mm^2 de *cu* trifásico con 130 A colocado en la tierra con 80° C.

$$R = 0,899\ \frac{\Omega}{km} \qquad X = 0,0850\ \frac{\Omega}{km}$$

Caída de Tensión

Se calcula por CT41.

1) Monofásica $\qquad \Delta U = 2Il\left(R\cos\varphi + X_L \mathrm{sen}\varphi\right)$

2) Trifásica $\qquad \Delta U = \sqrt{3}Il\left(R\cos\varphi + X_L \mathrm{sen}\varphi\right)$

CARGA MÁXIMA POR SUB ESTACIÓN TRANSFORMADORA

Se calculará en base a la siguiente fórmula:

$$P = N_1 P_1 + N_a P_a + \sum P_b$$

En la cual:

P : Potencia de la subestación: no será mayor de 160 kVA.

N_1 : Número de lotes alimentados por la subestación.

P_1 : Potencia por lote. Para la Zona I será de 500 VA cuando el loteo tenga servicio de agua corriente. Dicha potencia se incrementará en un 60% cuando se provean bombeos individuales. Para las zonas II y III se tomarán los valores de la Zona I multiplicado por 0,8.

N_3 : Número de artefactos de Alumbrado Público alimentados por la subestación.

P_a : Potencia por artefacto de alumbrado público según proyecto aprobado por la Municipalidad (kVA).

$\Box P_b$: Suma de las potencias de los equipos de bombeo no individuales conectados a la subestación.

Notas:

1- Cuando se trate de lotes con más de una vivienda por unidad, para calcular la potencia P_e se empleará la planilla de cálculo de demanda utilizada para propiedades horizontales y/o planes de viviendas económicas.

2- Cuando se prevea el uso de equipos de bombeo individuales será:

$$\sum P_b = 0$$

3- En los lotes no destinados exclusivamente a viviendas, la carga por lote deberá calcularse teniendo en cuenta además de lo especificado, una carga acorde al destino del mismo, correspondiendo al proyectista justificar técnica y/o estadísticamente los incrementos adoptados.

4- Para proyectos ingresados antes del 2004

CENTRO DE CARGA

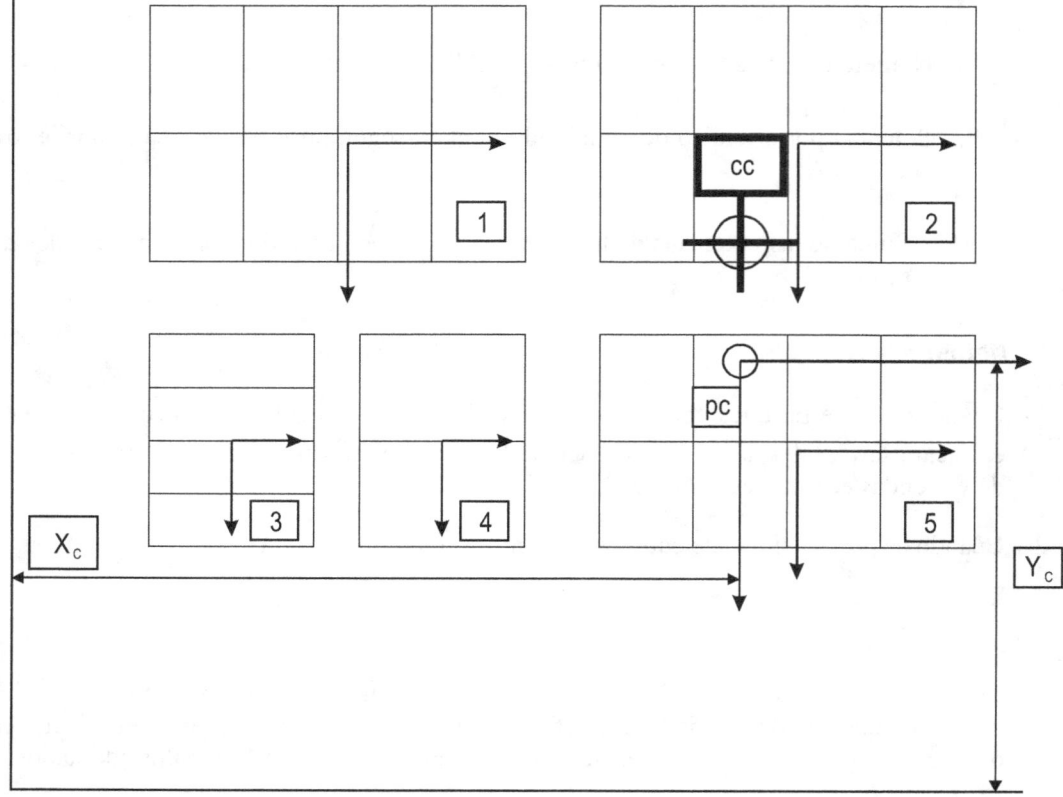

Carga unitaria por lote: según reglamento y zona considerada.

Carga de la manzana: sumatoria de la carga de los lotes

Carga notable: la asignada en la misma unidad y factor de potencia que las domiciliarias.

X_i: abscisa de la carga considerada (en el baricentro de la manzana o lote)

Y_i: ordenada de la carga considerada (en el baricentro de la manzana o lote)

El alumbrado público no influye por ser uniforme distribuido (sí en la potencia del loteo).

X_{cc} = sumatoria de los productos $P_i . X_i$ / sumatoria de P_i

Y_{cc} = sumatoria de los productos $P_i . Y_i$ / sumatoria de P_i

CÁLCULO DE LA CAÍDA DE TENSIÓN

Se emplearán como guía, las fórmulas y definiciones de la CT.41 de E.P.E.C.

En la tabla siguiente se dan los valores de

$$Z = R.\cos\varphi. + X.\text{sen}\varphi \quad (\text{ohm/km})$$

para líneas desnudas en cobre y aleación de aluminio, para una separación entre conductores de 250 y 300 mm respectivamente y para líneas preensambladas con conductores de aluminio y neutro de aleación de aluminio de 50 mm².

Secc. (mm²)	Cu	Al. Al	Preens.	Secc (mm²)	Cu	Al. Al	Preens.
16	1,02	–	–	70	0,35		
25	0,71	0,95	1,02	95	0,30		
35	0,56	0,70	0,70	120	0,26		
50	0,44	0,55	0,53	–	–		

Nota: Para las condiciones dadas la caída de tensión no deberá ser mayor del 3%.

UBICACIÓN DE TRAZAS DE LÍNEAS DE DISTRIBUCIÓN DE ENERGÍA ELÉCTRICA

Zona urbana:

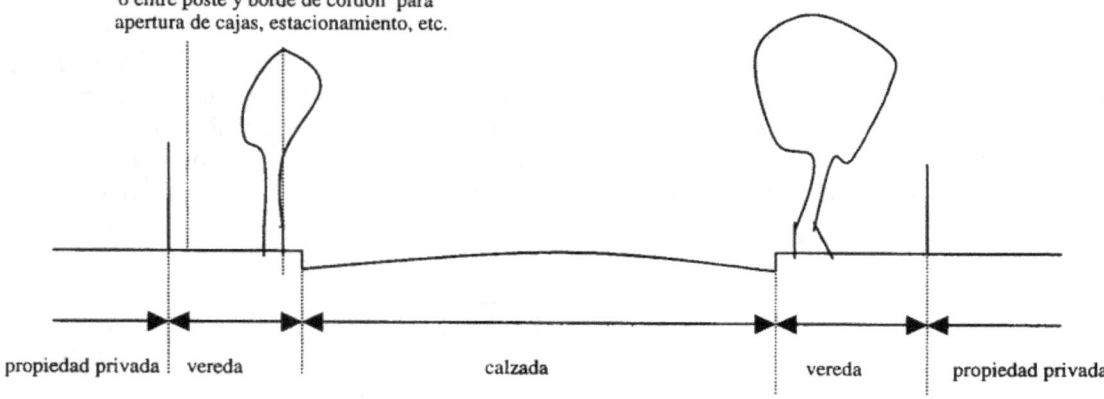

Por línea municipal o por línea de árboles eje de pòste a 0,50m de la línea municipal o de cordón para asegurar espacio mínimo entre poste y pared o entre poste y borde de cordón para apertura de cajas, estacionamiento, etc.

propiedad privada | vereda — calzada — vereda | propiedad privada

línea municipal   línea de cordón

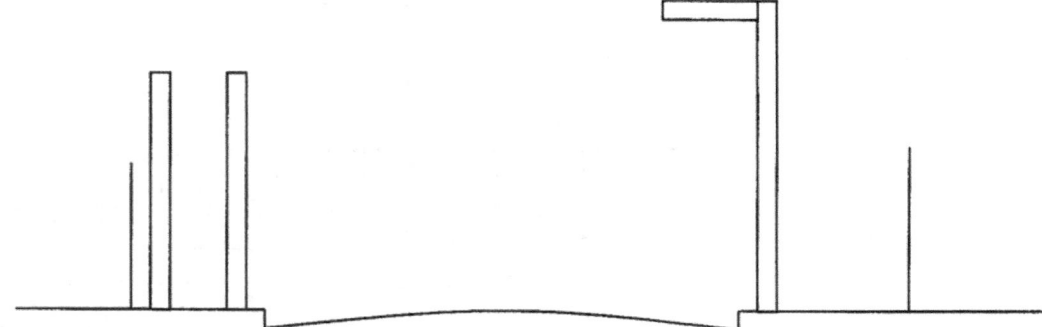

Líneas de Baja Tensión por Línea Municipal
Líneas de A.P. por Línea de Arboles
Combinada por Línea de Arboles
Subterráneas por vereda

Líneas de Media Tensión por Línea de Arboles

Detalle de las Ochavas

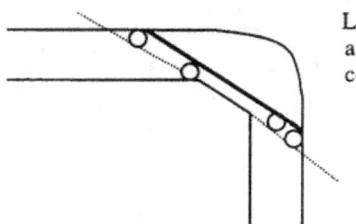

Los postes se ubicarán lo más próximo a la línea de ochava para evitar que los conductores invadan terreno privado

CÁLCULO MECÁNICO DE CONDUCTORES:

El cálculo mecánico de conductores se desarrolla a posterior, para esta etapa, se toman los valores de la tabla I ET 1005 de EPEC que suministra tiros y flechas entre los -10°.C y 50°.C para vanos de 20 a 40 metros

Verificación de soportes de Baja Tensión:

Los apoyos se verifican atendiendo las hipótesis de cálculo establecidas en las ET 1001 y ET 1005 para cada tipo constructivo a emplear en el proyecto.

Cálculo de fundaciones:

La problemática del cálculo de fundaciones, se encara a este nivel aplicando el Método de Sulzberger (publicaciones del Ing. Tadeo Maciejewski de la Sociedad de Proyectos y Electrificación marzo abril de 1964, del Ing. Pascual Grasso marzo abril de 1975 ambas en la Revista Electrotécnica y de los Ings. E . Redolfi y R. Terzariol de la Cátedra de Mecánica de los Suelos de la F.C.E.F. y Nat. de la UNC), cuyo resumen de fórmulas y coeficientes para aplicación a terreno normal son:

Coeficientes y expresiones:

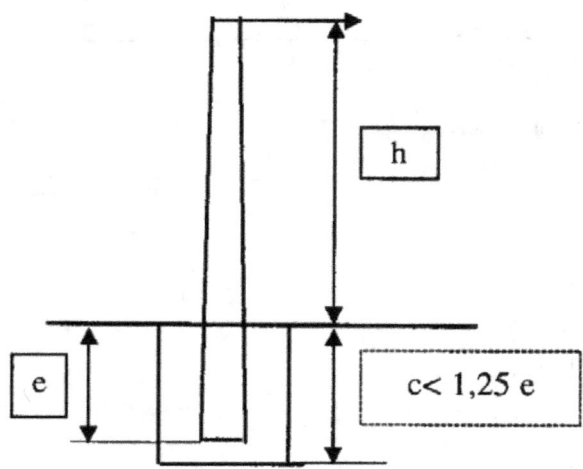

Momento de vuelco

$$Mv = Ro/2,5 \ (h + 2/3 \ C)$$

Momento equilibrante

$$Me = b\,c^3\,Ct\,\mathrm{tg}\,\alpha\,/\,25,46 + G\,(\,0,707\,a - (\,3G/\,Cb\,\mathrm{tg}\alpha\,)^{1/3}\,/2)\qquad [1]$$

$$Me = b\,c^3\,Ct\,\mathrm{tg}\,\alpha\,/\,36 + G\,(\,a/2 - 0,47\,(G/\,b\;Cb\,\mathrm{tg}\alpha\,)^{1/2}\,)\qquad [2]$$

$$Me = d\,c^3\,Ct\,\mathrm{tg}\,\alpha\,/\,52,8 + G\,(\,d - (3G/\,Cb\,\mathrm{tg}\alpha\,)^{1/3}\,)\qquad [3]$$

G = pesos de (poste + crucetas y accesorios + aisladores y morsetería + cables + fundación)

(cables de ambos semivanos, fundación sin orificio que ocupa el poste)

Peso específico del H.S. 2200 kg./m^3

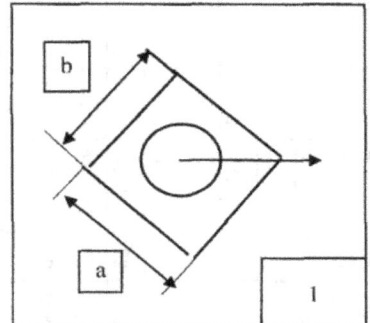 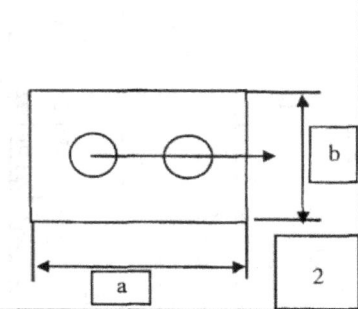 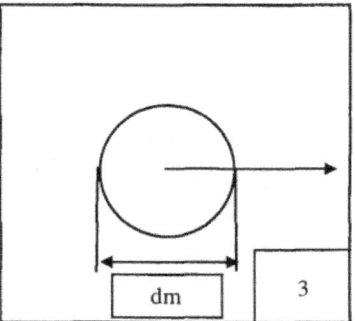

Profundidad de la fundación C (m)	Ct (kg/cm^t)	Cb ((kg/cm^t)	Profundidad de la fundación C (m)	Ct (kg/cm^t)	Cb ((kg/cm^t)
1,00	3,00	3,30	2,10	6,30	6,93
1,10	3,30	3,63	2,20	6,60	7,26
1,20	3,60	3,96	2,30	6,90	7,59
1,30	3,90	4,29	2,40	7,20	7,92
1,40	4,20	4,62	2,50	7,50	8,25
1,50	4,50	4,95	2,60	7,80	8,58
1,60	4,80	5,28			
1,70	5,10	5,60			
1,80	5,40	5,94			
1,90	5,70	6,27			
2,00	6,00	6,60			

Los datos dimensionales, resistencia, pesos, etc. de postes se obtienen de los catálogos publicados por los fabricantes, a modo de ejemplo se adjunta:

Cm	P₀	7	7,5	8	8,5	9	9,5	10	10,5	11	11,5	12	12,5	13	13,5	14	14,5	15	15,5	16	16,5	17
14	300	430	480	530	580	640	650	750	–	–	–	–	–	–	–	–	–	–	–	–	–	–
14	375	440	490	740	530	650	700	760	820	–	–	–	–	–	–	–	–	–	–	–	–	–
14	450	500	550	600	660	710	770	830	850	950	–	–	–	–	–	–	–	–	–	–	–	–
16	500	520	570	620	670	730	750	850	920	990	1060	1140	1220	1305	–	–	–	–	–	–	–	–
16	625	530	580	630	680	740	800	860	930	1000	1075	1155	1235	1320	1405	1495	–	–	–	–	–	–
18	750	600	650	710	770	840	910	980	1050	1135	1215	1300	1390	1485	1580	1675	1780	1885	–	–	–	–
18	875	610	660	725	790	850	920	990	1065	1150	1238	1315	1405	1500	1595	1695	1800	1905	–	–	–	–
18	900	615	665	730	795	855	929	995	1070	1155	1235	1320	1410	1505	1600	1700	1805	1910	2020	2135	–	–
20	1000	690	750	820	890	960	1030	1110	1195	1280	1375	1470	1570	1670	1775	1885	2000	2115	2230	2355	2485	2615
20	1125	700	760	830	895	970	1040	1120	1205	1290	1385	1480	1580	1685	1790	1900	2015	2130	2250	2375	2505	2635
22	1250	780	850	920	1000	1080	1160	1240	1340	1435	1535	1635	1740	1850	1970	2090	2210	2340	2470	26000	2740	2880
22	1375	790	850	930	1010	1090	1170	1250	1350	1450	1550	1650	1755	1865	1985	2110	2230	2360	2490	2620	2765	2910
24	1500	875	950	1030	1120	1205	1290	1385	1485	1590	1700	1810	1935	2050	2180	2310	2440	2580	2720	2860	3010	3165
24	1600	880	960	1040	1130	1215	1300	1395	1500	1605	1715	1820	1950	2010	2200	2330	2460	2600	2740	2885	3035	3190
24	1780	890	970	1050	1140	1225	1310	1405	1515	1620	1730	1840	1965	2090	2220	2350	2480	2620	2760	2910	3090	3215
26	1875	980	1070	1155	1250	1345	1440	1540	1650	1775	1890	2080	2140	2270	2415	2555	2700	2840	3000	3160	3320	3340
26	2000	985	1075	1160	1255	1350	1450	1550	1660	1785	1900	2040	2155	2285	2430	2570	2715	2860	3020	3180	3340	3365
26	2125	990	1080	1165	1260	1355	1460	1560	1670	1795	1910	2050	2170	2300	2445	2585	2730	2880	3040	3200	3360	3390
26	2250	995	1085	1170	1265	1369	1470	1570	1680	1805	1920	2080	2185	2315	2460	2600	2745	1900	3060	3220	3380	3415
28	2375	1000	1080	1180	1275	1375	1480	1580	1690	1815	1930	2010	2200	2330	2475	25615	2760	2920	3080	3240	3400	3440
28	2500	1130	1230	1340	1450	1560	1670	1780	1905	2040	2180	2320	2450	2610	2760	2920	3085	3250	3420	3600	3780	3980
28	2625	1140	1240	1345	1460	1570	1680	1795	1920	2065	2195	2335	2480	2630	2780	2940	3105	3275	3445	3625	3805	3988
28	2750	1150	1250	1350	1470	1580	1690	1810	1935	2070	2210	2350	2500	2650	2800	2960	3125	3300	3470	3650	3830	4010
28	2875	1160	1260	1390	1480	1590	1700	1825	1950	2085	2225	2365	2520	2670	2820	2980	3145	3325	3495	3675	3855	4010
30	3000	1170	1270	1370	1490	1600	1710	1840	1965	2100	2240	2380	25840	2690	2840	3000	3165	3350	3521	3700	3880	4010
30	3250	1310	1430	1515	1670	1800	1925	2060	2205	2350	2500	2650	2820	2990	3165	3340	3530	3720	3910	4105	4305	4510
32	3500	1480	1600	1730	1870	2050	2150	2300	2455	2610	2770	2960	3140	3320	3510	3705	39000	4110	3415	4530	4745	4980
32	3750	1500	1620	1780	1990	2080	2175	2325	2485	2550	2830	3000	3180	3380	3550	3780	3950	4150	4385	4530	4800	5050

Proyecto de Red de Distribución de Energía y Alumbrado Público de un Loteo

Cooperativa de Provisión de Energía Eléctrica O. y S. P. de (Sierras de Córdoba)

Obra: SET, Red de distribución eléctrica y alumbrado público del loteo

---

Proyecto: Ing.

Nota de elevación

Plano catastral (parcial-ubicación)

Nota solicitud de la firma loteadora.

Plano catastral.

Datos de la firma loteadora.

Memoria técnico-descriptiva

Cálculo eléctrico

Cálculo mecánico de conductores.

Cálculo mecánico de soportes.

Cómputo métrico y presupuesto de materiales.

Presupuesto oficial.

Plano general (planimetría).

Planos de detalle.

---

diciembre de 1997.

Srs. De la

Delegación Zonal de la

EPEC

Presente

_____

De nuestra consideración:

Nos dirigimos a Uds. a los efectos de elevar para su visación el proyecto de obra: SET, red de distribución eléctrica y alumbrado público del Loteo.

Sobre el particular destacamos que:

a) El loteo cuenta con la respectiva aprobación municipal en lo que a subdivisión se refiere.

b) La firma loteadora tramita la documentación definitiva legal para su aprobación en los organismos correspondientes (D.G.C. etc.)

c) Se han seguido las pautas indicadas por la oficina técnica municipal en lo referido a condiciones de red de alumbrado público, ubicación de soportes, etc.

d) La Cooperativa, que en definitiva recibirá la obra objeto del proyecto, realiza por cuenta y riesgo de la firma loteadora todas las gestiones ante EPEC para la tramitación correspondiente.

e) La visación definitiva quedará "ad referéndum" de que la firma loteadora presente la documentación definitiva respectiva que se agregará en la oportunidad a la presente.

f) El loteo está ubicado dentro del área que atiende la Cooperativa (se adjunta plano catastral parcial-ubicación).

El proyecto ha sido realizado a nuestro pedido, por el Ing._____, quien queda autorizado a realizar toda gestión administrativa hasta la aprobación de la obra.

Sin otro particular, les saludamos atte.

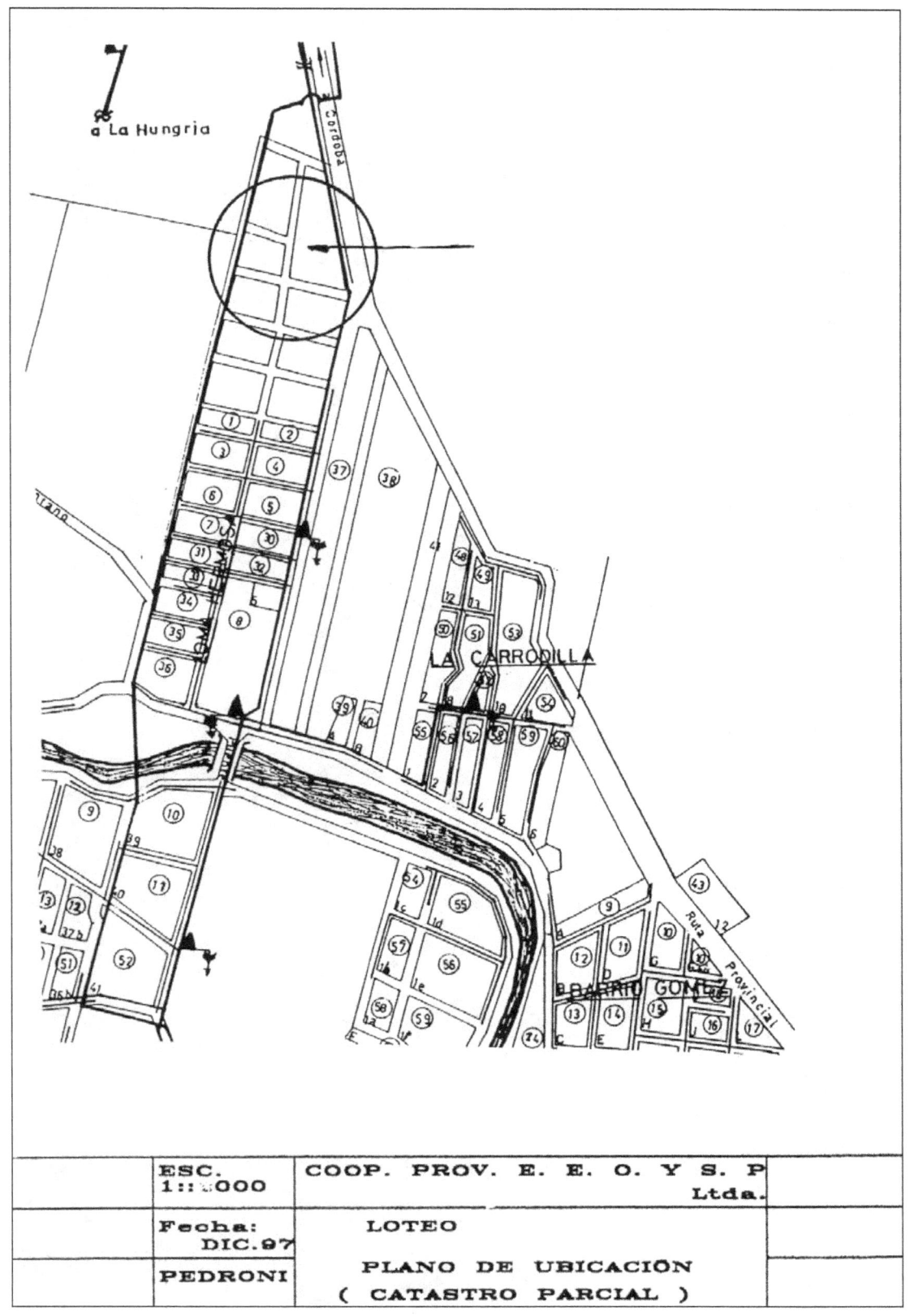

ESC. 1::000	COOP. PROV. E. E. O. Y S. P Ltda.	
Fecha: DIC.97	LOTEO	
PEDRONI	PLANO DE UBICACIÓN (CATASTRO PARCIAL)	

Datos de la firma loteadora:

Loteador:

Domicilio:

Cuit:

Datos del loteo:

Dominio:

Folio:

Tomo:

Año:

Propiedad:

Nota: El plano catastral aprobado se encuentra en trámite.

Cantidad de lotes: 85

Provisión de agua corriente: por cuenta de la Coop.

COOP. DE PROV. DE ENERGÍA ELÉCTRICA O. Y S.P. DE

Obra: SET, red de distribución eléctrica y alumbrado público en Loteo

Memoria técnico-descriptiva:

El proyecto se ha desarrollado siguiendo la Reglamentación de Electrificación de Loteos de EPEC, requisitos particulares de la Municipalidad de........................, de la Cooperativa de Provisión de Energía Eléctrica O. y S.P. de........................ y acuerdos entre la Cooperativa y EPEC que en su caso se detallan.

- Objeto: suministro eléctrico en baja tensión a la totalidad de los lotes del Loteo .... y alumbrado público a la totalidad de las calles que no poseen según descripción de la Municipalidad .... (Av. Fuerza Aérea cuenta con Ao. Po.).

- SET ubicación y otros: la SET desde el punto de vista eléctrico y mecánico se ha previsto en el proyecto Línea de MT y SET en Loteos de Loma Hermosa tramitado por separado. No obstante se destaca que será del tipo biposte de hormigón armado con una potencia inicial de 63 kVA ubicada lo más próximo posible al centro de carga del loteo. Al sólo efecto de la asignación presupuestaria a cargo del loteador en el presente trabajo figura el cómputo métrico y presupuesto de la misma.

- Traza y ubicación de apoyos: a efectos de una sola postación donde se lleva alumbrado público se utilizará línea de árboles y en Av. Fuerza Aérea donde el alumbrado público existente se ubica en el cantero central, se ubicarán sobre la línea municipal, en ambos casos y dentro de lo posible en la prolongación de las líneas divisorias de lotes. Donde se superponen líneas de M.T. y B.T. la postación de las líneas de M.T. será utilizada como alineación para la distribución en BT y AP verificados los soportes para tal fin en el caso de la Línea de 13,2 kV y acordado con EPEC en el caso de la Línea de 33 kV que interconecta Santa Rosa con Villa Gral. Belgrano, siempre satisfaciendo el requerimiento municipal de instalar la menor cantidad posible de postación.

- Conductores: se utilizará manojo pre-ensamblado de sección única para todo el loteo de 3x50 + 1x50 + 1x25AP y cruces de calle con conductores de acometida en Cu 2x10.

- Herrajes: metálicos de hierro galvanizado y/o aluminio según los casos y de acuerdo a ET 1005.

- Apoyos: se utilizarán como alineación los apoyos de la Línea de Interconexión V.G. Belgrano – Santa Rosa (previsto en el convenio respectivo) y los de la línea de M.T. verificados a tal fin donde las trazas se superponen. Los apoyos restantes serán de hormigón armado adoptándose los normalizados y fabricados por la Cooperativa, los de alineación y cruce Po 9 Ro 450 serán directamente empotrados y los especiales Po 8,50 Ro 1500 fundados en bases de hormigón simple siempre verificados por Sulzberger (las bases de acuerdo a IRAM 1524/1546).

- Puestas a tierra: El neutro del manojo de conductores será conectado a tierra en todos los apoyos especiales. Los apoyo escalera, cajas, etc. estarán también conectados a tierra. La conexión a tierra se realizará a través de las previsiones a tal fin de los postes especiales, cable de Cu y jabalina de Ac/Cu.

- Alumbrado público: se utilizarán artefactos con lámpara de sodio normalizados por la Municipalidad instalándose uno cada 80 m aproximadamente, el comando será centralizado por un tablero control normalizado por la Cooperativa, con caja estanca, protecciones por fusibles de alto poder de ruptura, medidor de energía, comando por célula fotovoltaica, contactor con protección termo magnética, llave de prueba, etc.

- Conexiones: la totalidad de las conexiones se ejecutarán con las grampas apropiadas que aseguren el correcto paso del fluido eléctrico ya sean Al-Al o Al-Cu.

- Material para acometidas: las acometidas domiciliarias se prevén mediante cable de acometida. Cu 2x4 y grampas apropiadas, las correspondientes a fase con fusible incorporado. Todo el material correspondiente se entregará a la Cooperativa.

- Otros: para lo no establecido rige el pliego Gral. de Especificaciones de EPEC y reglas del buen arte.

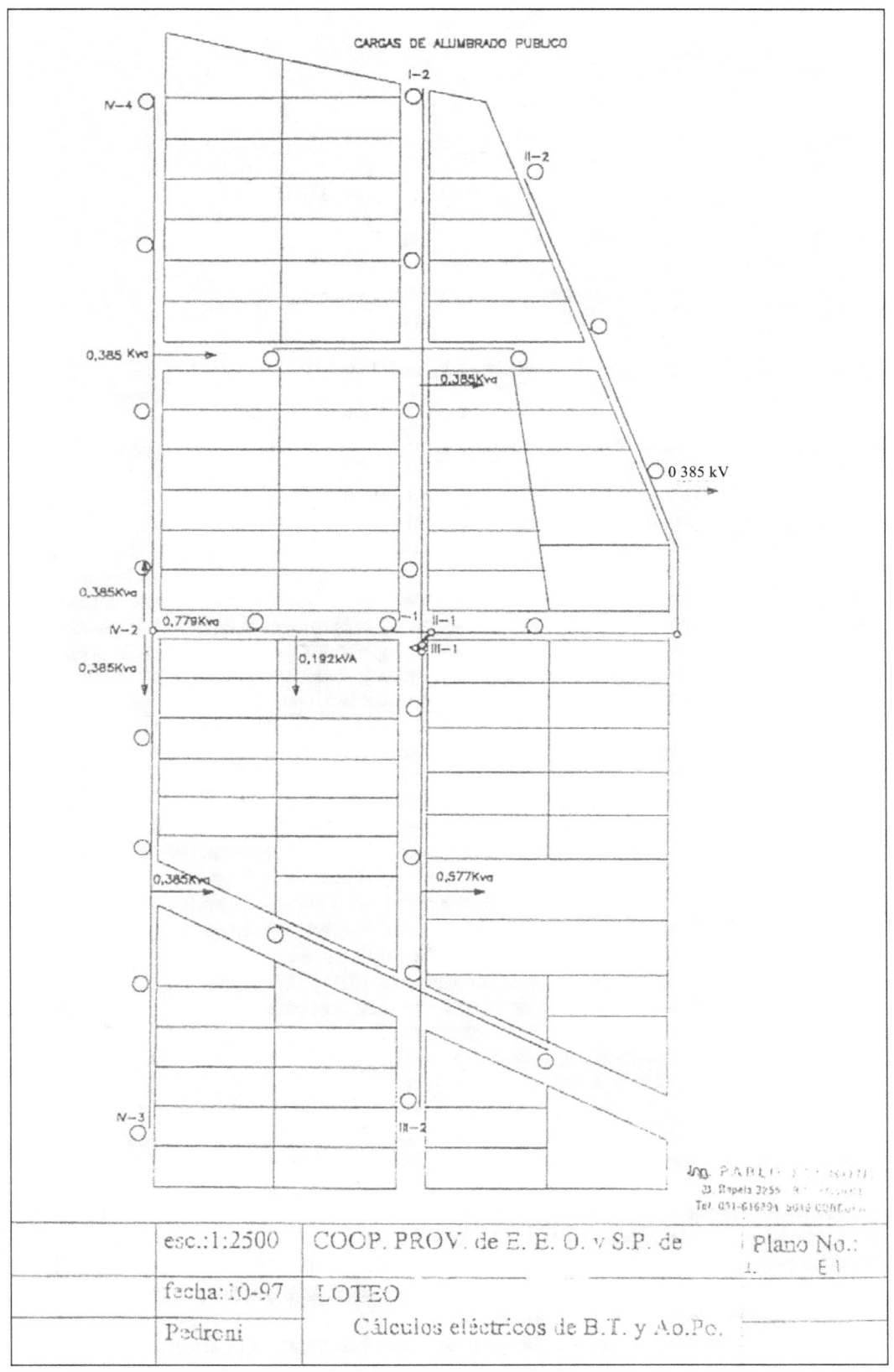

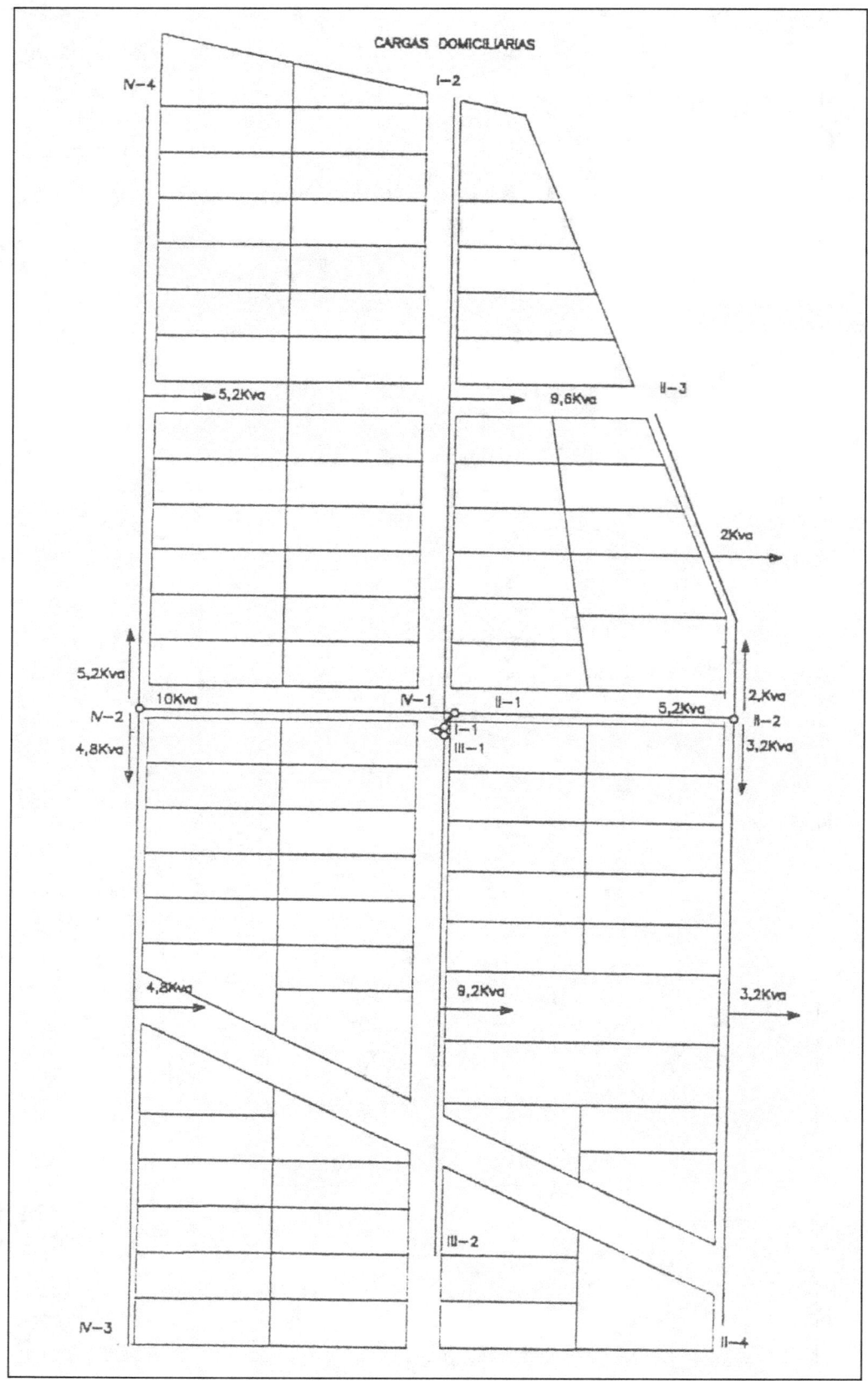

Potencia del SET:

n_1: número de lotes 85

p_1: potencia asignada 400 VA

n_a: número de artefactos de A.P.

p_a: potencia del artefacto 77 VA (lámpara + 10% balasto, etc.)

Potencia:

$$85 \times 0{,}400 + 27 \times 0{,}077 = 36{,}079 \text{ kVA}$$

Se adopta 63 kVA dado que se prevé un alto nivel en las construcciones (casas con pileta, artefactos de importancia, etc.).

En la distribución de energía y alumbrado público hace a la experiencia de la cooperativa adoptar las secciones mínimas detalladas.

CÁLCULOS ELÉCTRICOS:

De acuerdo a las normas de la Cooperativa corresponde utilizar conductor preensamblado con distribución de alumbrado público incorporado en sección mínima de 3x50+1x50+AP1x25.

Para el cálculo eléctrico se adoptó 400 VA por lote, sin bombeo y el alumbrado público se plantea según indicación de la Municipalidad en un artefacto con lámpara de vapor de sodio de 70 Watios cada 80m (77VA por artefacto). Por ser el alumbrado público atendido por la Cooperativa se comparte el neutro en ambas distribuciones.

Distribución de energía domiciliaria:

Tamo	Pot. Dist. (kVA)	Pot. Conc. (kVA)	Long. (km)	$I = P \times \dfrac{1000}{1,730}$ (A)	$z = \left(\dfrac{0}{Km}\right)$	$A_{ud} = I_d \dfrac{lz}{2}$ (V)	$A_{uc} = I_c\, lz$ (V)	$A_u = A_{ud} + A_{vc}$ (V)	A_u %
IV 2-4	5,2	–	0,26	7,9	0,53	0,54	–	0,54	0,24
IV 2-3	4,8	–	0,27	7,29	0,53	0,52	–	0,52	0,24
IV 1-2	–	10	0,14	15,2	0,53	–	1,12	1,12	0,50
I 1–2	9,6	–	0,24	14,6	0,53	0,92	–	0,92	0,41
III 1-2	9,2	–	0,24	13,99	0,53	0,89	–	0,89	0,40
II 2-3	2	–	0,14	3,04	0,53	0,11	–	0,11	0,05
II 2-4	3,2	–	0,27	4,86	0,53	0,34	–	0,34	0,15
II 1-2	–	5,2	0,12	7,90	0,53	–	0,50	0,50	0,22

$A_{u\%}$ extremo I-1-2 0,41%

$A_{u\%}$ extremo III-1-2 0,40%

$A_{u\%}$ extremo II-4 = 2-4 + 1-2 = 0,22+0,50 = 0,722%

$A_{u\%}$ extremo IV-4 = 2-4 + 1-2 = 0,24+0,50 = 0,74%

Distribución de alumbrado público (para el sector más cargado)

				$I = P \times \dfrac{1000}{V}$		$A_{ud} = I_d \dfrac{lz}{2}$ (V)	$A_{uc} = I_c\, \ell_z$ (V)		
II 2-4	0,385	–	0,26	1,18	0,95	0,29	–	0,29	0,13
II 2-3	0,385	–	0,26	1,18	0,95	0,29	–	0,29	0,13
IV 1-2	0,192		0,140	0,87	0,95	0,11		1,03	0,46
		0,77	0,140	3,5	0,95		0,93		

El sector más solicitado:

$A_{u\%}$ extremo IV-2-4 = 2-4 + 1-2 = 0,13+0,46 = 0,59%

Todos valores menores al 3%

La reserva de energía para el loteo y el respectivo cálculo eléctrico figura en el proyecto de obra: Línea de MT y SET en Loteos de Loma Hermosa tramitado por separado.

CÁLCULO MECÁNICO DE CONDUCTORES:

El cálculo mecánico de conductores se realizó en base a las siguientes consideraciones:

a) EPEC define por ET 1005 la tabla de tesado de conjunto 3x50+1x50.

b) La cooperativa utiliza 3x50+1x50+AP1x25 por ser la responsable del alumbrado público según convenio con la Municipalidad.

c) Se utiliza para verificar las hipótesis de cálculo la metodología de EPEC y la suministrada por el fabricante de cables apreciándose resultados similares, no obstante se verifica en el cálculo mecánico de soportes una reserva en más en la altura libre de los conductores.

CONJUNTOS PREENSAMBLADOS

Descripción

Cables con conductores de aluminio puro (1) aislados con polietileno reticulado (XLPE) (2), cableados a espiral visible sobre un portante de aleación de aluminio aislado con polietileno reticulado (XLPE). Alternativamente con uno o dos conductores para alumbrado público de aluminio puro aislados con XLPE.

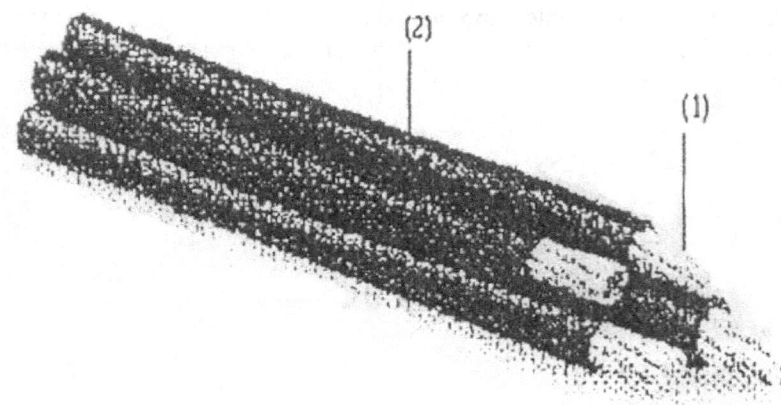

Aplicaciones:

Para distribución de energía eléctrica en baja tensión.

Características generales:

Tensión nominal: 1,1 kV

Temperaturas máximas en el conductor: 90º C en servicio continuo y 250º C en cortocircuito.

Normas de fabricación y ensayos: IRAM 2263.

Características técnicas

Sección No-minal	Diám. Exterior aprox. De cada conductor	Diám. Exterior aprox. Del conjunto	Peso total aprox.	Intens. De corriente admisible	Resist. Eléctrica a 60°C y 50 Hz	Reactancia inductiva media por fase a 50 Hz	Caída de Tensión a 60 °C y cos φ 0,8
N° × mm²	mm	mm	kg/kg	A	Ohm/km	Ohm/km	V/A km
3 × 25/50 (1)	9,0/12,3	26	520	76	1,39	0,0973	2,02
3 × 35/50 (1)	10,5/12,3	28	630	96	1,01	2,2965	1,50
3 × 50/50 (1)	11,6/12,3	30	750	11,7	0,744	0,0931	1,12
3 × 70/50 (1)	13,7/12,3	33	970	152	0,514	0,0915	0,805
3 × 95/50 (1)	15,5/12,3	36	1250	190	0,392	0,0891	0,611
3 × 25/50 (2)	9,0/12,3	26	622	76	1,39	0,0973	2,02
3 × 35/50 (2)	10,5/12,3	28,2	730	96	0,01	0,0965	1,50
3 × 50/50 (2)	11,6/12,3	30	853	117	0,744	0,0931	1,12
3 × 70/50 (2)	13,7/12,3	33,2	1073	152	0,514	0,0915	0,805
3 × 95/50 (2)	15,5/12,3	36,5	1349	190	0,372	0,0891	0,611
3 × 25/50 (3)	9,0/12,3	26	726	76	1,39	0,0973	2,02
3 × 35/50 (3)	10,5/12,3	28	835	96	1,01	0,0965	1,50
3 × 50/50 (3)	11,6/12,3	30	957	117	0,744	0,0931	1,12
3 × 70/50 (3)	13,7/12,3	33	1177	152	0,514	0,0915	0,805
3 × 95/50 (3)	15,5/12,3	37	1460	190	0,372	0,0891	0,611

(1) Sin conductor de alumbrado.

(2) Con un conductor de alumbrado de 25 mm² (bajo pedido también en 16 mm²).

(3) Con dos conductores de alumbrado de 25 mm² (bajo pedido también de 16 mm²).

(4) Valores para conjuntos expuestos al sol con una temperatura ambiente de 40° C y de 90° C en los conductores.

La carga mínima de rotura del haz preensamblado se supone igual a la del neutro portante y en todas las secciones indicadas tiene un valor de 1401 daN.

CÁLCULO TIRO Y FLECHA DE CONDUCTORES

Empresa: EPEC

Material y sección nominal	:	AL. – Al. 50 mm^2
Diámetro del conductor	(mm):	30.00
Sección del conductor	(mm$\}$):	50.14
Peso del conductor	(kg/km):	750.00
Coeficiente de presión dinámica	:	1.20
Tensión admisible est. Básico	(kg/mm$\}$):	8.00
Módulo de elasticidad x 1005	(kg/cm$\}$):	6.00
Coeficiente de dilatación x10^-6	(1/xc):	23.00
Longitud del vano	(m):	40.00
Zona climática	:	Zona única
Estado básico	:	Estado 2

Vano para cálculo: 40 m

Estado	Temp. ×C	Viento kg/m$\}$	Hielo mm	Tensión kg/mm$\}$	Tiro kg	Total	Flecha (m)	
							horiz.	Vertic.
1	50	0	0	3.03	152	0.99	0.00	0.99
2	10	59	0	8.00	401	0.96	0.88	0.37
3	-10	0	0	5.06	253	0.59	0.00	0.59
4	16	0	0	3.89	195	0.77	0.00	0.77

Cálculo para PE 3x50+1x50

CÁLCULO TIRO Y FLECHA DE CONDUCTORES

Empresa: EPEC

Material y sección nominal	:	AL. – Al. 50 mm²
Diámetro del conductor	(mm):	30.00
Sección del conductor	(mm²):	50.14
Peso del conductor	(kg/km):	850.00
Coeficiente de presión dinámica	:	1.20
Tensión admisible est. Básico	(kg/mm²):	8.00
Módulo de elasticidad x 1005	(kg/cm²):	6.00
Coeficiente de dilatación x10^-6	(1/xc):	23.00
Longitud del vano	(m):	40.00
Zona climática	:	Zona única
Estado básico	:	Estado 2

Vano para cálculo : 40 m

Estado	Temp. $\times$ C	Viento kg/m²	Hielo mm	Tensión kg/mm²	Tiro kg	Total	Flecha (m)	
							horiz.	Vertic.
1	50	0	0	3.32	166	1.02	0.00	1.02
2	10	59	0	8.00	401	0.98	0.88	0.42
3	-10	0	0	5.29	265	0.64	0.00	0.64
4	16	0	0	4.18	209	0.81	0.00	0.81

Cálculo para PE 3x50+1x50+1x25

Temp	Tiro	Flecha								
C°	Kg	m								
5	237	0.69								
10	226	0.72		Flecha	Máxima:	0.95				
15	216	0.76								
20	207	0.79								
25	199	0.82								
30	191	0.86								
35	185	0.89								
40	178	0.92								
Vano:	40									
Zona:	B									

Ok   Imprime   Referencias

Cable Pe $3 \times 50 + 1 \times 50$

Fuente: Pirelli SA – Catálogo Electrónico

Temp	Tiro	Flecha								
C°	Kg	m								
5	242	0.73								
10	232	0.77		Flecha	Máxima:	0.98				
15	223	0.80								
20	214	0.83								
25	206	0.86								
30	199	0.89								
35	192	0.92								
40	186	0.95								
Vano:	40									
Zona:	B									

Ok   Imprime   Referencias

Cable PE $3 \times 50 + 1 \times 50 + AP$

Fuente: Pirelli SA – Catálogo Electrónico

Temp. × C	Tensión kg/mm}	Tiro kg	Flecha m
-10	5.29	265	0.64
-9	5.23	262	0.65
-8	5.18	259	0.65
-7	5.13	257	0.66
-6	5.08	254	0.67
-5	5.03	252	0.67
-4	4.98	249	0.68
-3	4.93	247	0.69
-2	4.89	244	0.69
-1	4.84	242	0.70
0	4.80	240	0.71
1	4.75	238	0.71
2	4.71	236	0.72
3	4.66	233	0.73
4	4.62	231	0.73
5	4.58	229	0.74
6	4.54	227	0.75
7	4.50	225	0.75
8	4.46	223	0.76
9	4.42	221	0.77
10	4.39	219	0.77
11	4.35	218	0.78
12	4.31	216	0.79
13	4.28	214	0.79
14	4.24	212	0.80
15	4.21	211	0.81
16	4.18	209	0.81
17	4.14	207	0.82
18	4.11	206	0.82
19	4.08	204	0.83
20	4.05	202	0.84
21	4.02	201	0.84
22	3.99	199	0.85
23	3.96	198	0.86
24	3.93	197	0.86
25	3.90	195	0.87
26	3.87	194	0.88
27	3.84	192	0.88
28	3.82	191	0.89
29	3.79	190	0.89
30	3.76	188	0.90
31	3.74	187	0.91
32	3.71	186	0.91
33	3.69	184	0.92
34	3.66	183	0.93
35	3.64	182	0.93
36	3.62	181	0.94
37	3.59	180	0.94

38	3.57	179	0.95
39	3.55	177	0.96
40	3.53	176	0.96
41	3.50	175	0.97
42	3.48	174	0.97
43	3.46	173	0.98
44	3.44	172	0.99
45	3.42	171	0.99
46	3.40	170	1.00
47	3.38	169	1.00
48	3.36	168	1.01
49	3.34	167	1.02
50	3.32	166	1.02

PE 3,50+50+25

EPEC AL. – Al. 50 mm} Zona Unica Estado 2 T.M.A. 8.00 Vano 40.00

CÁLCULO MECÁNICO DE SOPORTES

Línea de PE Al 3x50+1x50+Ao.Po.1x25   Soporte Alineación con Ao.Po. Po 9 Ro 450

Vano Máx.: 40m

Dimensiones generales

Altura poste ....9,00 m

Empotramiento...-2,00 m

Altura libre del poste..7,00 m

Distancia del cond. sobre la cima......................-0,30 m

Altura del conductor sobre el poste................... 6,70 m

Flecha máxima ....-1,10 m

Altura libre .... 5,60 m > de 5,50 m

Esfuerzos del viento normal a la línea:

sobre conductores:

$Fvc = 1x59x0,03x40x6,70/7,00 = 67,76$ kg

sobre poste:

$Fvp = 59x7x(2x0,14+0,24)/6 = 35,79$ kg

sobre artefacto alumbrado y acc.

Fvacc = 5,00 kg

Total esfuerzos del viento: 108,55 kg

Esfuerzo del peso del alumbrado y acc.   5,00 kg

Total de esfuerzos en dirección de la línea: 113,55 kg

Ró = 2,5x113,55 = 283,87 kg verifica el soporte seleccionado.

Verificación del empotramiento:

Momento de vuelco (Ro/2,5)(h+2/3 c)

$$Mv = (450/2,5)(7+2/3 \times 2) = 1.500,00 \text{ kgm}$$

Momento equilibrante= $d.c^3.Ct.Tga/52,8$ despreciando 2°. sumando por direct. empotrado

$$Me = 0,26x2^3+6+10^4/52,8) = 2.363,63 \text{ kgm (despreciando 2°. sumando)}$$

Coef. Seguridad S = Me/Mv

S = 2363,63/1500 = 1,57>1,5

CÁLCULO MECÁNICO DE SOPORTES

Línea de PE Al 3x50+1x50+Ao.Po.1x25   Soporte Terminal con Ao.Po. Po 8,50 Ro 1500

Vano Máx.: 40 m

Dimensiones generales

Altura poste .... 8,50 m

Empotramiento ....-1,40 m

Altura libre del poste .... 7,10 m

Distancia del cond. sobre la cima ....-0,20 m

Altura del conductor sobre el poste .... 6,90 m

Flecha máxima ....-1,10 m

Altura libre .... 5,80 m > de 5,50 m

Esfuerzos del viento normal a la línea:

sobre conductores:

Fvc=1x59x0,03x20x6,90/7,10 = 34,40 kg

sobre poste:

Fvp=59x7,10x(2x0,24+0,34)/6 = 57,24 kg

sobre artefacto alumbrado y acc.

Fvacc = 5,00 kg

Total esfuerzos del viento: .... 96,64 kg

Esfuerzo del peso del alumbrado y acc. .... 5,00 kg

Total de esfuerzos en dirección de la línea: .... 101,64 kg

Hipótesis de cálculo:

a) Tiro máximo: 408 kg

Ró = 2,5x408=1.020 kg verifica el poste seleccionado.

b) Tiro a 10° C más esfuerzos normales a la línea:

$R = (231^2+101,64^2)^{1/2} = 252,37 kg$

Ró = 2,5x252,37 = 630 kg verifica el poste seleccionado.

Verificación de la fundación:

Se adopta

a=b=0,90 c=1,75 e=1,40

Momento de vuelco = (Ro/2,5)(h+2/3 c)

Mv= (1500/2,5)(7,10+2/3x1,75)= 4.960 kgm

Momento equilibrante= $bc^3.Ct.Tga/36+G(a/2-0,47(G/b.Cb.Tga)^{1/2})$

$Me= 0,90x1,75^3x5,20x10^4/36)+4.100(0,90/2-0,47(4.100/0,90x5,80x10^4)^{1/2}=$

Me=8.272 kgm

Coef. Seguridad S = Me/Mv

S= 8.272/4,9600=1,66 > 1,5

CÁLCULO MECÁNICO DE SOPORTES

Línea de PE Al 3x50+1x50+Ao.Po.1x25 – Soporte Desvio hasta 25° con Ao.Po. Po 8,50 Ro 1500

Vano Máx.: 40m

Dimensiones generales

Altura poste .... 8,50 m

Empotramiento .... -1,40 m

Altura libre del poste .... 7,10 m

Distancia del cond. sobre la cima .... -0,20 m

Altura del conductor sobre el poste .... 6,90 m

Flecha máxima .... -1,10 m

Altura libre .... 5,80 m > de 5,50 m

Esfuerzos del viento en dirección de la bisectriz:

sobre conductores:

$Fvc=2x59x0,03x20x6,90/7,10 \ x \ \cos12,5° = 67,16$ kg

sobre poste:

$Fvp=59x7,10x(2x0,24+0,34)/6 = 57,24$ kg

sobre artefacto alumbrado y acc.

$Fvacc = 5,00$ kg

Total esfuerzos del viento: .... 129,40 kg

Esfuerzo del peso del alumbrado y acc. .... 5,00 kg

Total de esfuerzos en dirección de la bisectriz: .... 134,40 kg

Hipótesis de cálculo:

a) Tiro a 10°. (231 kg) más esf. en direcc. de bisectriz:

Resultante del tiro = 2xTxcos 77,5°.

$R= 2x231xcos77,5°.=99,99$ kg.

Total de esf. en la bisectriz y resultante de tiro = 134,40+99,99= 234,39 kg

Ró = 2,5x234,39=585,98 kg. verifica el poste seleccionado.

b) Tiro máximo de conductores:

$$R= 2xTxcos\ 77,7°.= 2x408xcos\ 77,5°.=176,61\ kg$$

$$Ró= 2,5xR=2,5x176,61 = 441,52\ kg\ verifica\ el\ soporte\ adopta$$

Fundación: vale la fundación calculada para terminal.

CÁLCULO MECÁNICO DE SOPORTES

Línea de Al-Al 25 – Soporte Alineación Urb. (Au) Po 11 Ro 625 z 1,90 Rx 1250

Vano Máx.: 80m

Dimensiones generales

Altura poste .... 11,00 m
Empotramiento .... -1,20 m
Altura libre del poste .... 9,80 m
Distancia del cond. sobre la cima .... -0,15 m
Altura del conductor sobre el poste .... 9,95 m
Flecha máxima .... -1,40 m
Altura libre .... 8,55 m

Esfuerzos del viento normal a la línea:

sobre conductores:

$$Fvc=3x59x0,00645x80x9,95/9,80 = 92,72\ kg$$

sobre poste:

$$Fvp=59x9,80x(2x0,14+0,29)/6 = 54,93\ kg$$

sobre cruceta y accesorios:

$$Fvacc = 10,00\ kg$$

Esfuerzos del viento normal a la línea: 157,65 kg

$$Ró = 2,5x157,65 = 394,125\ kg\ verifica\ el\ soporte\ seleccionado.$$

Fundación: se adopta caras paralelas al cordón, a = b = 0,90 m c = 1,40 m

e= 1,20m (dimensiones mínimas permitidas)

Momento de vuelco= (Ro/2,5)(h+ 2/3 c)

$$Mv= (625/2,5)(9,80+ 2/3 \times 1,40)= 2.450,93 \text{ kg}$$

Monento equilibrante= $b.c^3.Ct.Tga/36+G(a/2-0,47(G/b.Cb.Tga)^{1/2})$=

$$Me=0,90 \times 1,40^3 \times 4,2 \times 10^4/36+3.430(0,9/2-0,47(3.430/0,9 \times 4,62 \times 10^4)^{1/2})=$$

Me= 3.961,68 kgm

Coeficiente de seguridad:

S=Me/Mv= 3.961,68/2.450,93 = 1,61 mayor de 1,5

CÁLCULO MECÁNICO DE SOPORTES

Línea de Al-Al 25 – Soporte Alineación Urb. (Au) Po 11 Ro 625 z 1,90 Rx 1250

Vano Máx.: 80m

Verificación del soporte de media tensión agregando Pe 3x50+1x50+Ao.Po. 1x25

Alineación

Altura libre del poste...9,80 m

Altura del conductor sobre el poste.............................6,70 m

Esfuerzos adicionales sobre el poste:

Fuerza del viento sobre conductores:

$$F_{vcc}=59 \times 0,03 \times 40 \times 6,70/9,80 = 48,40 \text{ kg}$$

Fuerza del viento sobre cjto. Ao.Po.:

$$F_{vacc}=5 \times 6,70/9,80 = 3,41 \text{ kg}$$

Esfuerzo del cjto. de Ao.Po.:

$$F_{acc}=5 \times 6,70/9,80 = 3,41 \text{ kg}$$

Total de esfuerzos adicionales ....52,22 kg

Esfuerzos normales a la línea de M.T. ....157,65 kg

Total de esfuerzos ....212,87 kg

Ró = 2,5xR = 2,5x212,87 = 532 kg verifica el poste seleccionado.

COOP. DE PROV. DE E. E. O. Y S. P. DE OBRA DE LOTEO

Tabla resumen de soportes

Red de Baja Tensión y Alumbrado Público (Postes y fundaciones a incorporar)

N°	Apoyo	Poste y Acc.	Fundación	Cantidad	Observaciones
1	Alineación, etc.	Po 9 Ro 450	Sin fund. e = 2	40	Fab. Coop. PR1
2	Terminal, etc.	Po 8,50 Ro 1500	$0,9 \times 0,9 \times 1,75$ e = 1,40		Fab. Coop. PR1 con toma tierra

Resumen de apoyos y fundaciones

No.	Apoyo tipo	Piquete	Cant.	Poste	Fundación	Plano No
0	SET (LMT)					LMT
1	Antena	1	1	Po8,50 Ro1500	0,9x0,9x1,75 e=1,40	P2
2	Alineación	3,5,6,7,8,9,10,12,15, 17,20,25,27,29,45, 47,59,61	18	Po9Ro450	e=2	P3
3	Alineación con A.P.	12,14,16,19,21,24, 26,32,34,36,39,42	12	Po9Ro450	e=2	P3
4	Alineación con A.P. y Cruce de Calle	53,56,63	3	Po9Ro450	e=2	P3
5	Alineación sobre LMT 13,2Kv	43,55,58,65	4	LMT 13,2Kv		P4
6	Alineación sobre LMT 33KV	23,25,33,35,37	5	LMT 33Kv		P4
7	Alineación con C.C Sobre LMT 13,2Kv	49,50	2	LMT 13,2Kv		P4
8	Alineación con AP s LMT 33Kv	28, 30	2	LMT 33 Kv		P4
9	Cruce de Calle	41,50,52,54,57,64, 67	7	Po9Ro450	e=2	P5
10	Desvío	13	1	Po8,5 Ro 1500	0,9x0,9x1,75 e=1,40	P6
11	Terminal salida T.R.	4,22	2	Po8,5 Ro1500	0,9x0,9x1,75 e=1,40	P6
12	Terminal	11,31	2	Po8,5 Ro1500	0,9x0,9x1,75 e=1,40	P7
13	Terminal con A.P.	18,38,46,48,60,62	6	Po8,5 Ro1500	0,9x0,9x1,75 e=1,40	P7
14	Terminal con A.P. y Cruce de Calle	51,66	2	Po8,5 Ro1500	0,9x0,9x1,75 e=1,40	P7
15	Detalle Doble Haz	SET	1			P8

COOP. PROV. ENERGÍA E.O. Y S.P. OBRA: LOTEO

Cómputo métrico y presupuesto de materiales (1 nov. De 1997)

Rubro I Red de baja Tensión y Alumbrado Público

No.	Designación	Unid.	Cant.	Precio Unit.	Precio total
1	Abrazadera diám. 200 ref	u	11	3,80	41,80
2	Abraz. p/brazo met. AP 250ref. C/MN 59	u	4	10,00	40,00
3	Abrazadera un bulón diám/300ref.	u	1	6,00	6,00
4	Alambre atar A1 1,2mm	m	80	0,05	4,00
5	Arandela Al/Cu diám.13	u	14	0,05	0,70
6	Arandela plana MN 30	u	160	0,03	4,80
7	Artefacto 70W sodio	u	25	60,00	1500,00
8	Balancín Q 111	u	3	5,57	16,71
9	Brazo metálico zincado 2x0,42	u	25	8,50	212,50
10	Bulón con ojal 12,5x200	u	7	1,00	7,00
11	Bulón con ojal 12,5x300	u	15	1,10	16,50
12	Bulón exag. 12,5x250	u	64	1,00	64,00
13	Cable Cu des. 25	m	28	1,00	28,00
14	Cable PTR 2x,25mm	m	90	0,50	45,00
15	Cable acometida Cu2x10 (85 lotesx5m)	m	500	1,50	750,00
16	Cable acometida Cu 2x10 (cruce calle)	m	85	1,50	127,50
17	Cble PE AL 3x50+1x50+AP1x25	m	2100	3,50	7350,00
18	Cinta protectora	m	80	0,01	0,80
19	Cjto. ret. Acometida	u	14	5,00	70,00
20	Espárrago Q 320E	u	25	1,00	25,00
21	Fundación H.S.	m	14	200,00	2800,00
22	Grampa conect. Al 50/50 (PE)	u	8	2,50	20,00
23	Grampa conect. Al 25/25 (PE)	u	2	2,50	5,00
24	Grampa conect. bimet. con fusible	u	130	3,50	455,00
25	Grampa conect. bimet.	u	130	1,50	195,00
26	Grampa ret. G 17	u	22	6,40	140,80
27	Grampa susp. G20	u	56	1,90	106,40
28	Jabalina Ac/Cu 2x5/8 con acc.	u	16	7,00	112,00
29	Ménsula susp. Q 216	u	56	1,70	95,20
30	Ojal con rosca 12,5	u	10	2,00	20,00
31	Pieza int. Q116	u	22	2,30	50,60
32	Pieza intermedia Q115HH	u	3	2,56	7,68
33	Po 8,5 Ro 1500	u	14	300,00	4200,00
34	Po 9 Ro 450	u	40	150,00	6000,00
35	Protector Al 25	u	24	0,25	6,00
36	Protector Al 50	u	40	0,25	10,00
37	Terminal identar Al 50	u	15	3,50	52,50
38	Terminal identar Cu 25	u	14	2,50	35,00
39	ZMateriales menores varios	gl	gl	500,00	500,00
	Total de Materiales sin IVA				25121,49

Coop. Prov. Energía E.O. y S.P. Obra: Loteo

Cómputo métrico y presupuesto de materiales (octubre de 1997)

Rubro II set y Tablero AP

No.	Designación	Unid	Cant.	Precio Unit.	Precio total
1	Alambre atar	m	10	0,05	0,50
2	Apoyo escalera H	u	2	14,50	29,00
3	Barra Cu 25 mm	m	40	1,00	40,00
4	Base NHx3 con fusibles	u	1	6,40	6,40
5	Bloqute 1/2x2	u	2	0,50	1,00
6	Cable Cu desn. 25	m	30	1,00	30,00
7	Cable PE 3x50+1x50 p/coneccionado	gl	gl	10,00	10,00
8	Cable PTR 3x2,5	m	20	1,00	20,00
9	Caja J23	u	1	350,00	350,00
10	Caja J23 con dos juegos PF y FNH 100 A	u	2	509,00	1018,00
11	Cita atar Al 1x10	m	10	0,05	0,50
12	Contactor con prot. térmica	u	1	112,00	112,00
13	Descargador 12kV 5Ka AV con sop. H	u	3	50,00	150,00
14	Espárrago Q 320 E	u	2	1,00	2,00
15	Fotocélula soporte y abrazadera	u	1	11,90	11,90
16	Fundación H.S.	m	2,5	200,00	500,00
17	Gable Ac. Go. MN 101	m	25	0,90	22,50
18	Grampa fijación 3 bulones MN 191	u	2	2,00	4,00
19	Grapa NC3 diám 19	u	10	0,32	3,20
20	Grapa NC3 diám 19	u	14	0,32	4,48
21	Jabalina Ac/Cu 2x5/8 con acc.	u	2	7,00	14,00
22	Llave in punto con zócalo	u	1	3,00	3,00
23	Media caña madera dura x2,5m	u	1	2,00	4,00
24	Medidor	u	1	120,00	120,00
25	Morseto bifilar Al/Cu	u	13	1,80	5,40
26	Morseto bifilar Cu/Cu	u	9	1,00	9,00
27	Perno recto 411H	u	9	1,70	15,30
28	Perno recto 411Hc	u	3	1,80	5,40
29	Perno recto 411H extra largo	u	3	2,30	6,90
30	Po11,5Ro1250z1,9Rx1250E415 M1	u	1	1200,00	1200,00
31	Rack MN 84	u	2	0,50	1,00
32	Sec. Fus. 15 kV sop. H	u	3	68,00	204,00
33	Terminal identar Cu 25	u	2	2,50	5,00
34	Transformad. 13,2/0,400/0,23163kVA Et15	u	1	2700,00	2700,00
35	zMateriales menores varios	gl	gl	150,00	150,00
	Total de Materiales sin IVA				6758,48

COOP. DE PROV. DE ENERGÍA ELÉCTRICA O. Y S. DP

Obra: Distribución eléctrica y alumbrado público

Presupuesto oficial 11/97 Ing. Pedroni

Subtotal de materiales sin IVA (I+II)		31.879,97
Subtotal con transporte (3%)	956,40	32.836,37
Subtotal con mano de obra directa (16%)	5253,82	38.090,19
Subtotal con m. de o. ind. (16%)	6094,43	44.184,62
Subtotal con imprevistos (5%)	2209,23	46.393,85
Subtotal con utilidades (10%)	4639,38	51.033,23
Total con IVA (21%)	10716,98	61.750,21

Son pesos Sesenta y un mil setecientos cincuenta con 21/100

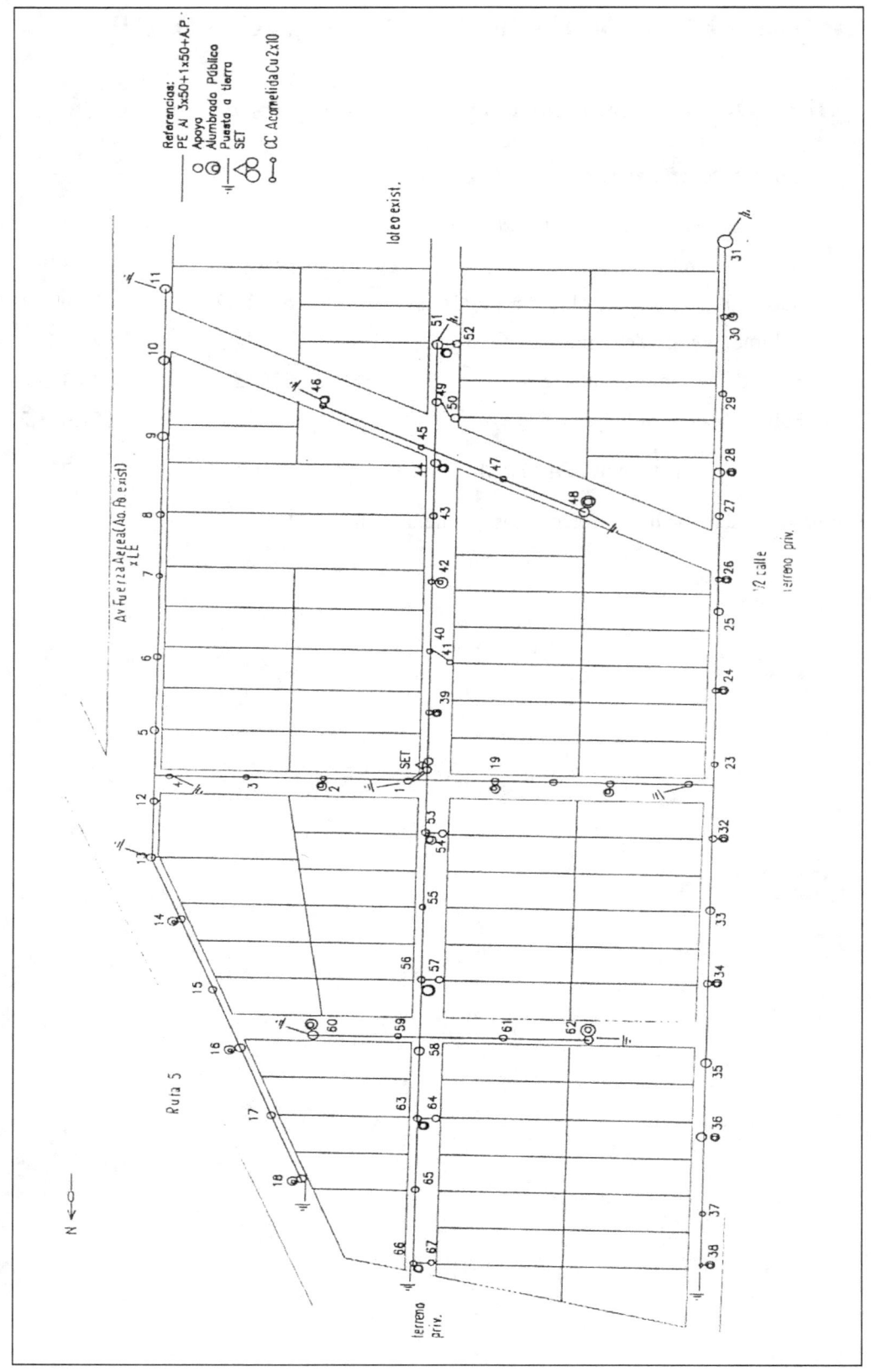

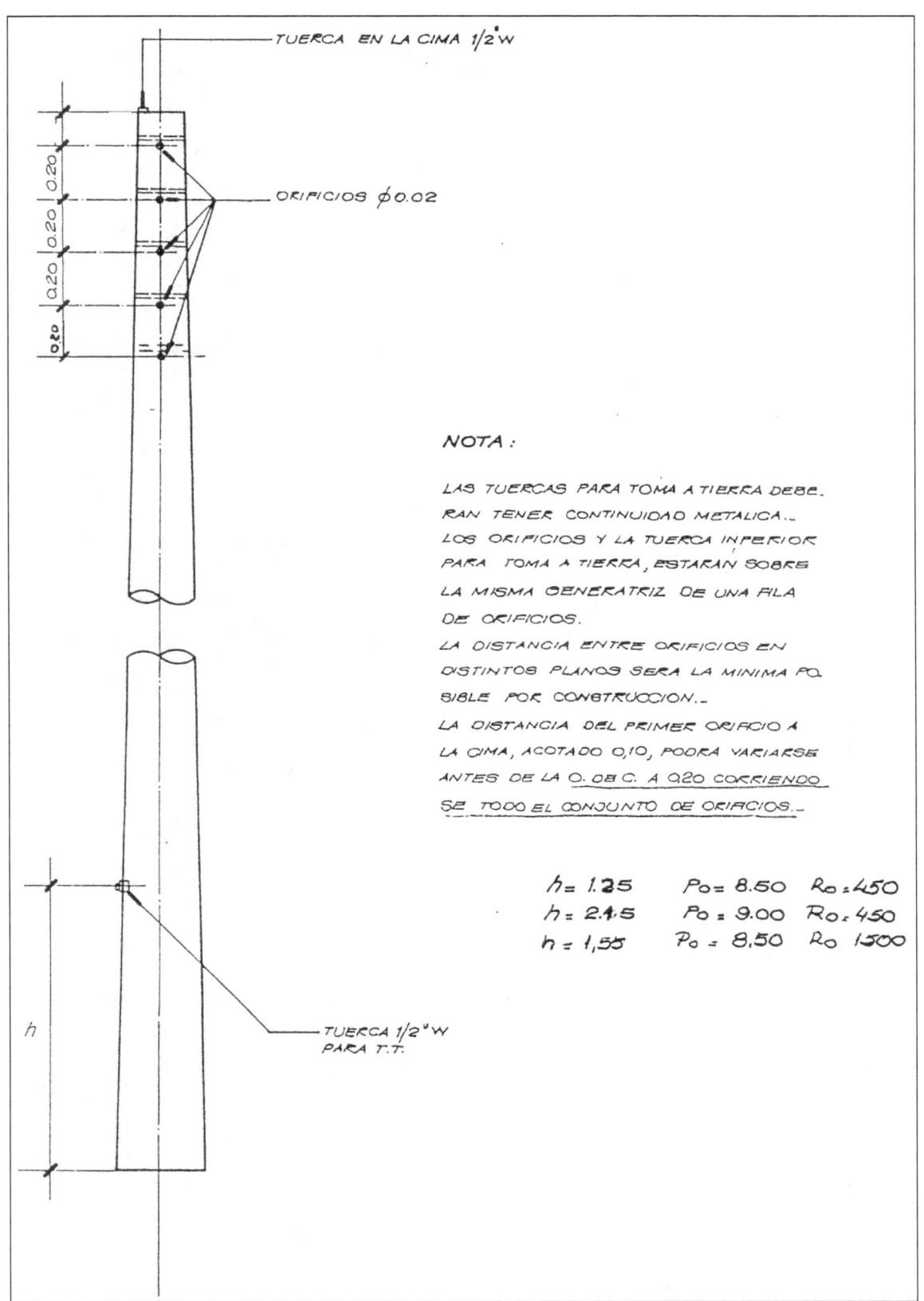

TUERCA EN LA CIMA 1/2"W

ORIFICIOS φ 0.02

0.20 0.20 0.20 0.20 0.20

NOTA :

LAS TUERCAS PARA TOMA A TIERRA DEBE.
RAN TENER CONTINUIDAD METALICA.-
LOS ORIFICIOS Y LA TUERCA INFERIOR
PARA TOMA A TIERRA, ESTARAN SOBRE
LA MISMA GENERATRIZ DE UNA FILA
DE ORIFICIOS.
LA DISTANCIA ENTRE ORIFICIOS EN
DISTINTOS PLANOS SERA LA MINIMA PO.
SIBLE POR CONSTRUCCION.-
LA DISTANCIA DEL PRIMER ORIFICIO A
LA CIMA, ACOTADO 0,10, PODRA VARIARSE
ANTES DE LA O. DE C. A 0.20 CORRIENDO
SE TODO EL CONJUNTO DE ORIFICIOS.-

$h = 1.25$ $P_0 = 8.50$ $R_0 = 450$
$h = 2.45$ $P_0 = 9.00$ $R_0 = 450$
$h = 1.55$ $P_0 = 8.50$ $R_0 = 1500$

TUERCA 1/2"W
PARA T.T.

h

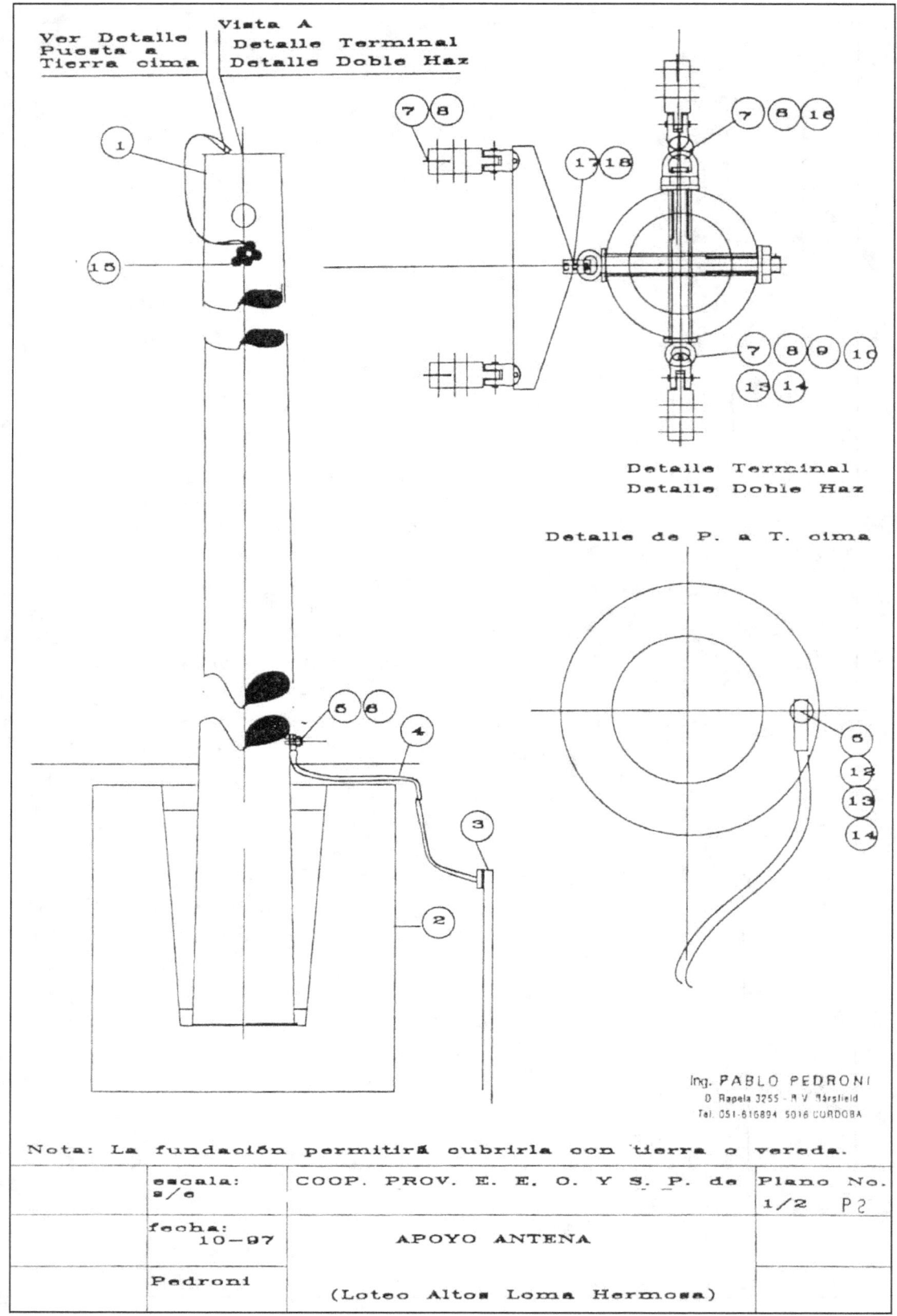

Ver Detalle
Puesta a
Tierra cima

Vista A
Detalle Terminal
Detalle Doble Haz

Detalle Terminal
Detalle Doble Haz

Detalle de P. a T. cima

Ing. PABLO PEDRONI
D. Rapela 3255 - R.V. Bärsfield
Tel. 051-616894 5016 CORDOBA

Nota: La fundación permitirá cubrirla con tierra o vereda.

escala: s/e	COOP. PROV. E. E. O. Y S. P. de	Plano No. 1/2 P2
fecha: 10—97	APOYO ANTENA	
Pedroni	(Loteo Altos Loma Hermosa)	

Detalle Terminal y Doble Haz

No.	Designación	u	Cant.
1	Po 8,5 Ro 1500 ET4	u	1
2	Fundación H.S.	m	1
3	Jabalina Ac/Cu 2x5/8	u	1
4	Cable Cu 25 desudo	m	2
5	Espárrago Q 320 E	u	2
6	Terminal ident. Cu25	u	4
7	Grampa ret. G17	u	4
8	Pieza int. Q 115	u	2
9	Bulón c. ojal 12,5x300	u	2
10	Arandela plana MN 30	u	4
12	Arandela Cu/Al d13	u	2
13	Terminal identar Al50	u	2
14	Cable Al 50 XLPE	m	2
15	Grampa conect. Al 50	u	2
16	Ojal con rosca 12,5	u	1
17	Pieza interm. Q115HH	u	1
18	Balancín Q111	u	1

Notas: Cada manojo de PE se colocará a tierra.
Se procurará no cortar los manojos de PE.

escala: s/e	COOP. PROV. E. E. O. Y S. P. de	Plano No. 2/2 P2
fecha: 10—97	APOYO ANTENA	
Pedroni	(Loteo Altos Loma Hermosa)	

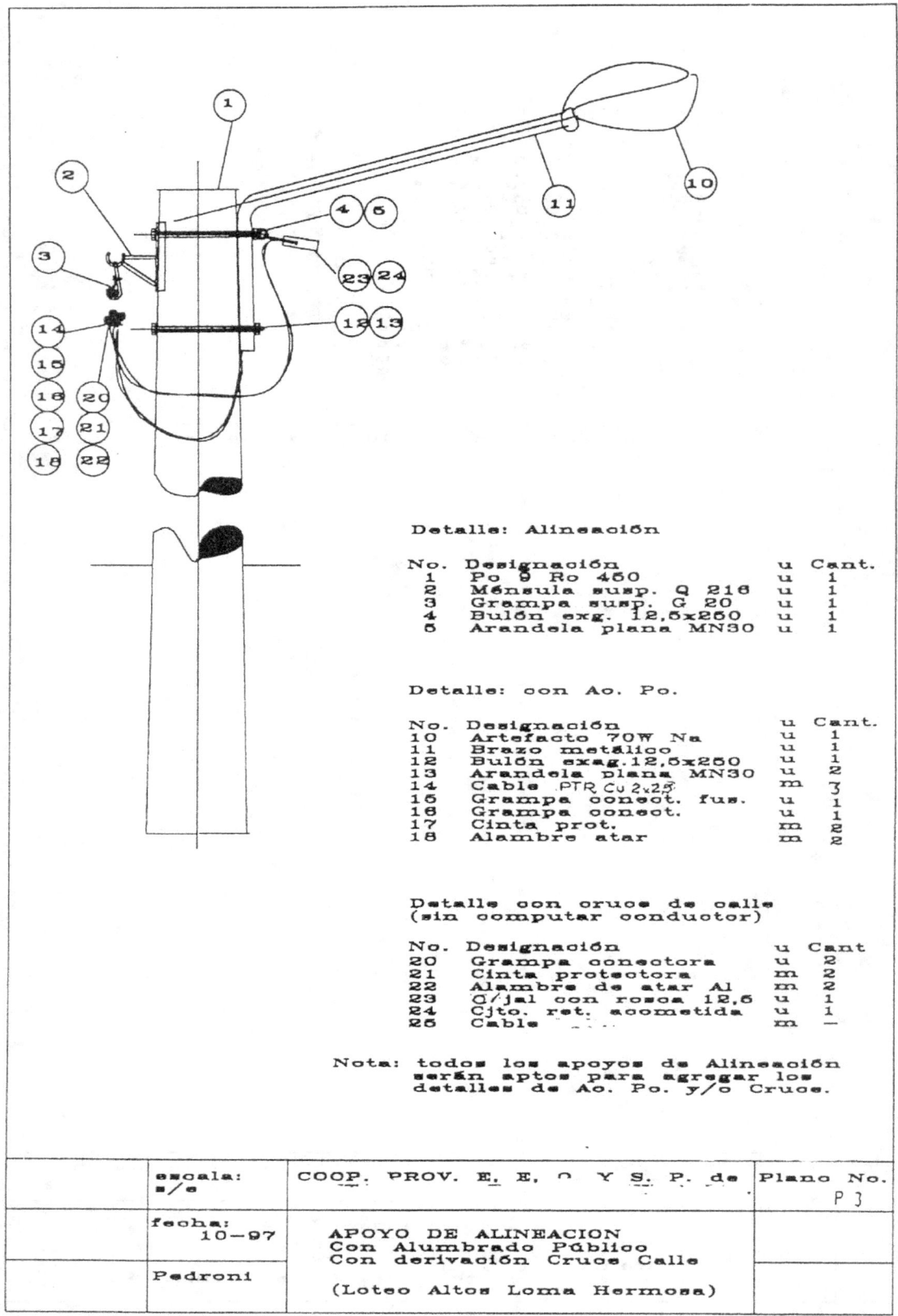

Detalle: Alineación

No.	Designación	u	Cant.
1	Po 9 Ro 450	u	1
2	Ménsula susp. Q 216	u	1
3	Grampa susp. G 20	u	1
4	Bulón exg. 12,5x250	u	1
5	Arandela plana MN30	u	1

Detalle: con Ao. Po.

No.	Designación	u	Cant.
10	Artefacto 70W Na	u	1
11	Brazo metálico	u	1
12	Bulón exag.12,5x250	u	1
13	Arandela plana MN30	u	2
14	Cable PTR Cu 2x25	m	3
15	Grampa conect. fus.	u	1
16	Grampa conect.	u	1
17	Cinta prot.	m	2
18	Alambre atar	m	2

Detalle con cruce de calle
(sin computar conductor)

No.	Designación	u	Cant
20	Grampa conectora	u	2
21	Cinta protectora	m	2
22	Alambre de atar Al	m	2
23	O/jal con rosca 12,5	u	1
24	Cjto. ret. acometida	u	1
25	Cable	m	—

Nota: todos los apoyos de Alineación
serán aptos para agregar los
detalles de Ao. Po. y/o Cruce.

escala: s/e	COOP. PROV. E. E. ∩ Y S. P. de	Plano No. P 3
fecha: 10—97	APOYO DE ALINEACION Con Alumbrado Público Con derivación Cruce Calle	
Pedroni	(Loteo Altos Loma Hermosa)	

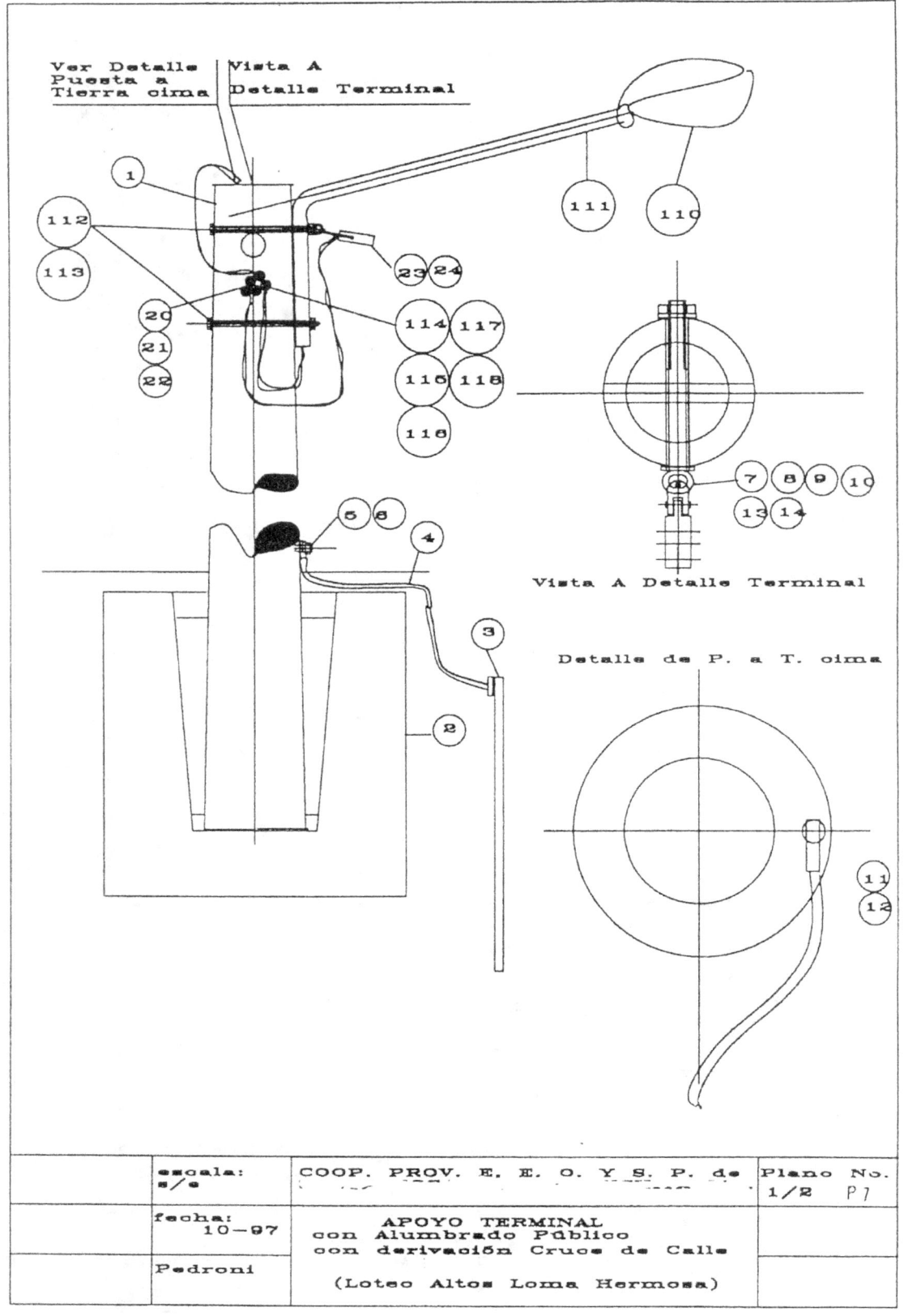

Ver Detalle | Vista A
Puesta a
Tierra cima | Detalle Terminal

Vista A Detalle Terminal

Detalle de P. a T. cima

escala: s/e	COOP. PROV. E. E. O. Y S. P. de	Plano No. 1/2 P1
fecha: 10-97	APOYO TERMINAL con Alumbrado Público con derivación Cruce de Calle	
Pedroni	(Loteo Altos Loma Hermosa)	

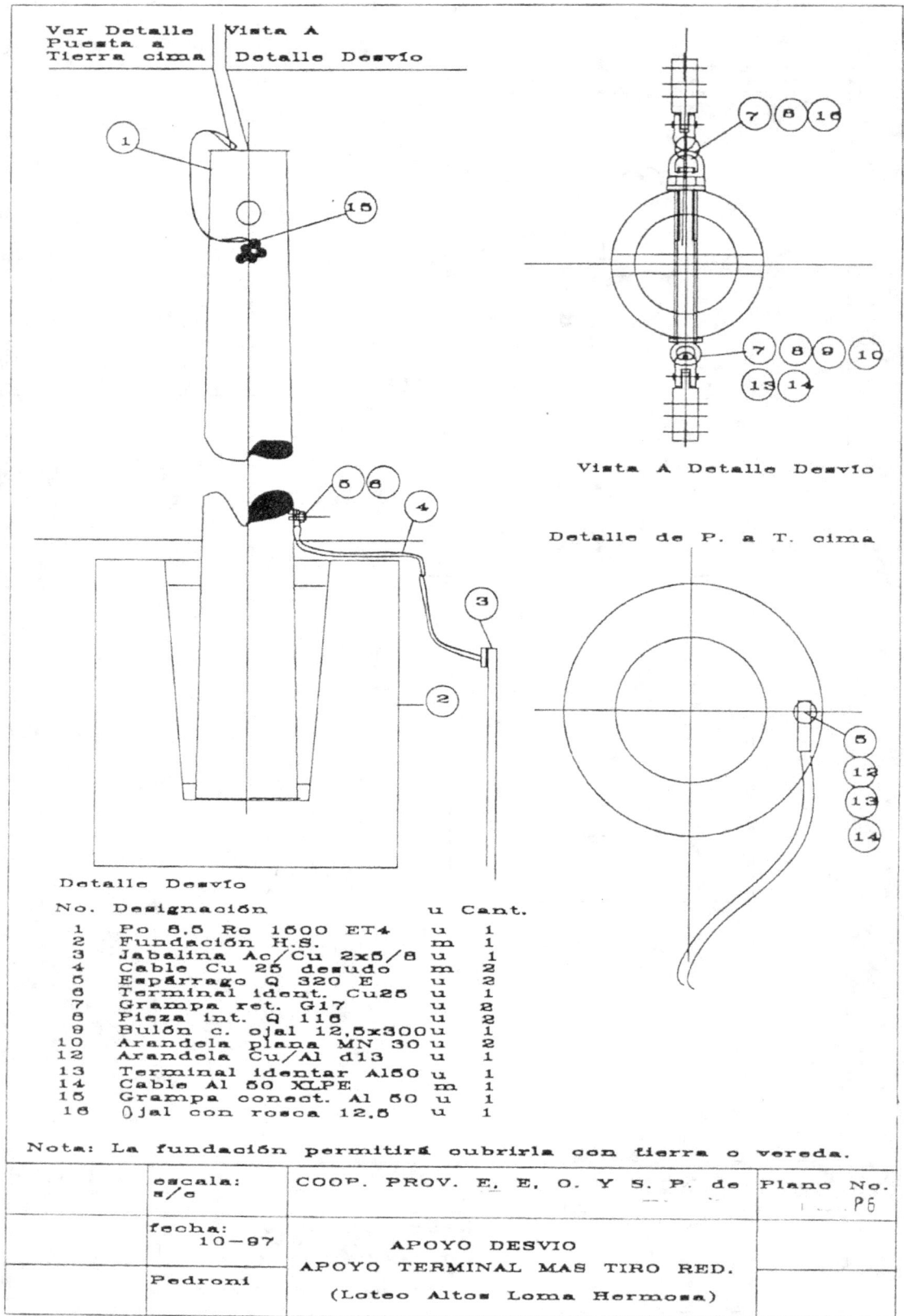

Ver Detalle
Puesta a
Tierra cima

Vista A
Detalle Desvío

Vista A Detalle Desvío

Detalle de P. a T. cima

Detalle Desvío

No.	Designación	u	Cant.
1	Po 8.5 Ro 1500 ET4	u	1
2	Fundación H.S.	m	1
3	Jabalina Ac/Cu 2x5/8	u	1
4	Cable Cu 25 desnudo	m	2
5	Espárrago Q 320 E	u	1
6	Terminal ident. Cu25	u	1
7	Grampa ret. G17	u	2
8	Pieza int. Q 116	u	2
9	Bulón c. ojal 12,5x300	u	1
10	Arandela plana MN 30	u	2
12	Arandela Cu/Al d13	u	1
13	Terminal identar Al50	u	1
14	Cable Al 50 XLPE	m	1
15	Grampa conect. Al 50	u	1
16	Ojal con rosca 12.5	u	1

Nota: La fundación permitirá cubrirla con tierra o vereda.

escala: s/c	COOP. PROV. E. E. O. Y S. P. de	Plano No. P5
fecha: 10—97	APOYO DESVIO	
	APOYO TERMINAL MAS TIRO RED.	
Pedroni	(Loteo Altos Loma Hermosa)	

54

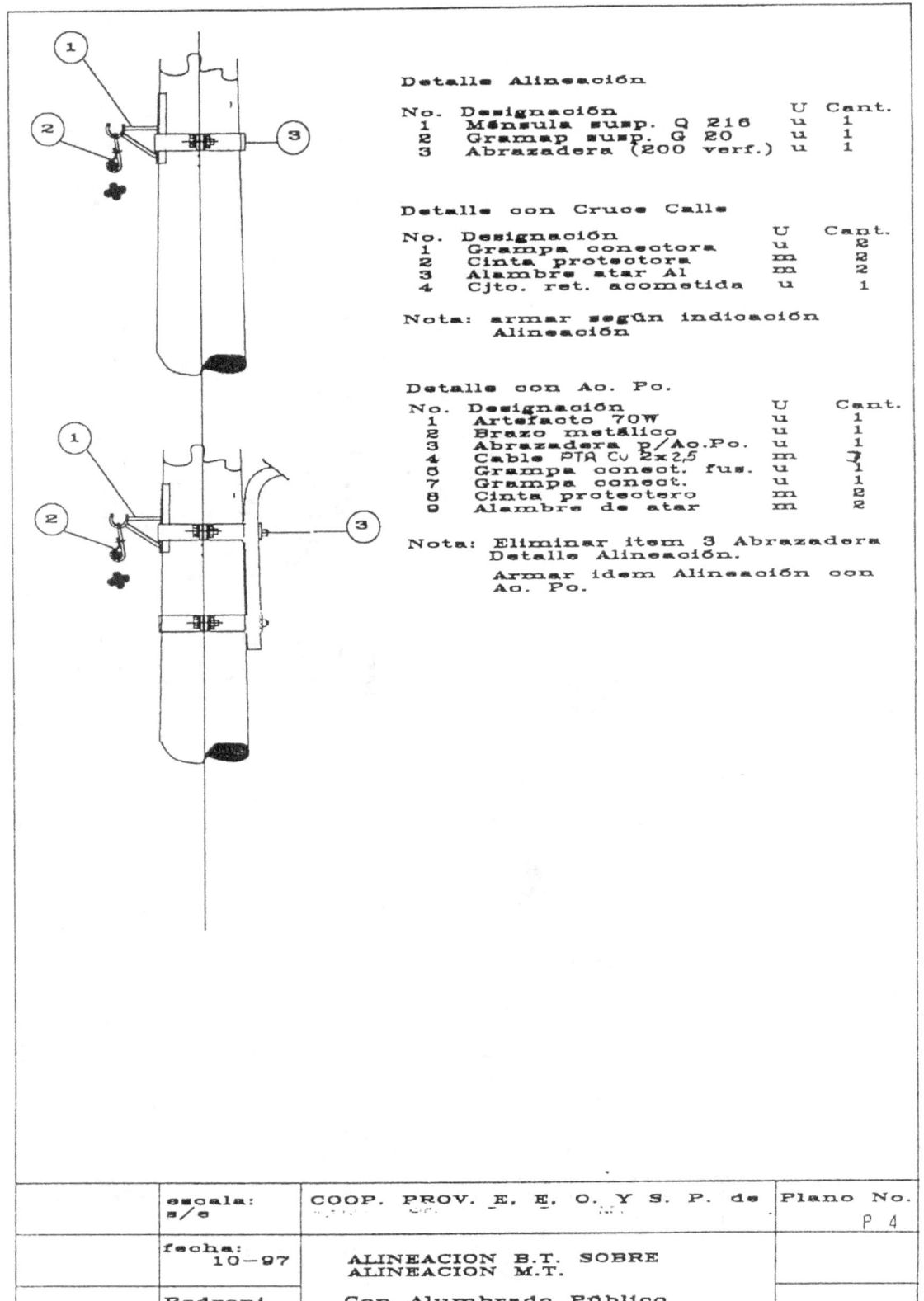

Detalle Alineación

No.	Designación	U	Cant.
1	Ménsula susp. Q 216	u	1
2	Grampa susp. G 20	u	1
3	Abrazadera (200 verf.)	u	1

Detalle con Cruce Calle

No.	Designación	U	Cant.
1	Grampa conectora	u	2
2	Cinta protectora	m	2
3	Alambre atar Al	m	2
4	Cjto. ret. acometida	u	1

Nota: armar según indicación
Alineación

Detalle con Ao. Po.

No.	Designación	U	Cant.
1	Artefacto 70W	u	1
2	Brazo metálico	u	1
3	Abrazadera p/Ao.Po.	u	1
4	Cable PTA Cu 2x2,5	m	7
5	Grampa conect. fus.	u	1
7	Grampa conect.	u	1
8	Cinta protectora	m	2
9	Alambre de atar	m	2

Nota: Eliminar item 3 Abrazadera
Detalle Alineación.

Armar ídem Alineación con
Ao. Po.

escala: s/c	COOP. PROV. E. E. O. Y S. P. de	Plano No. P 4
fecha: 10-97	ALINEACION B.T. SOBRE ALINEACION M.T.	
Pedroni	Con Alumbrado Público Con derivación Cruce Calle (Loteo Altos Loma Hermosa)	

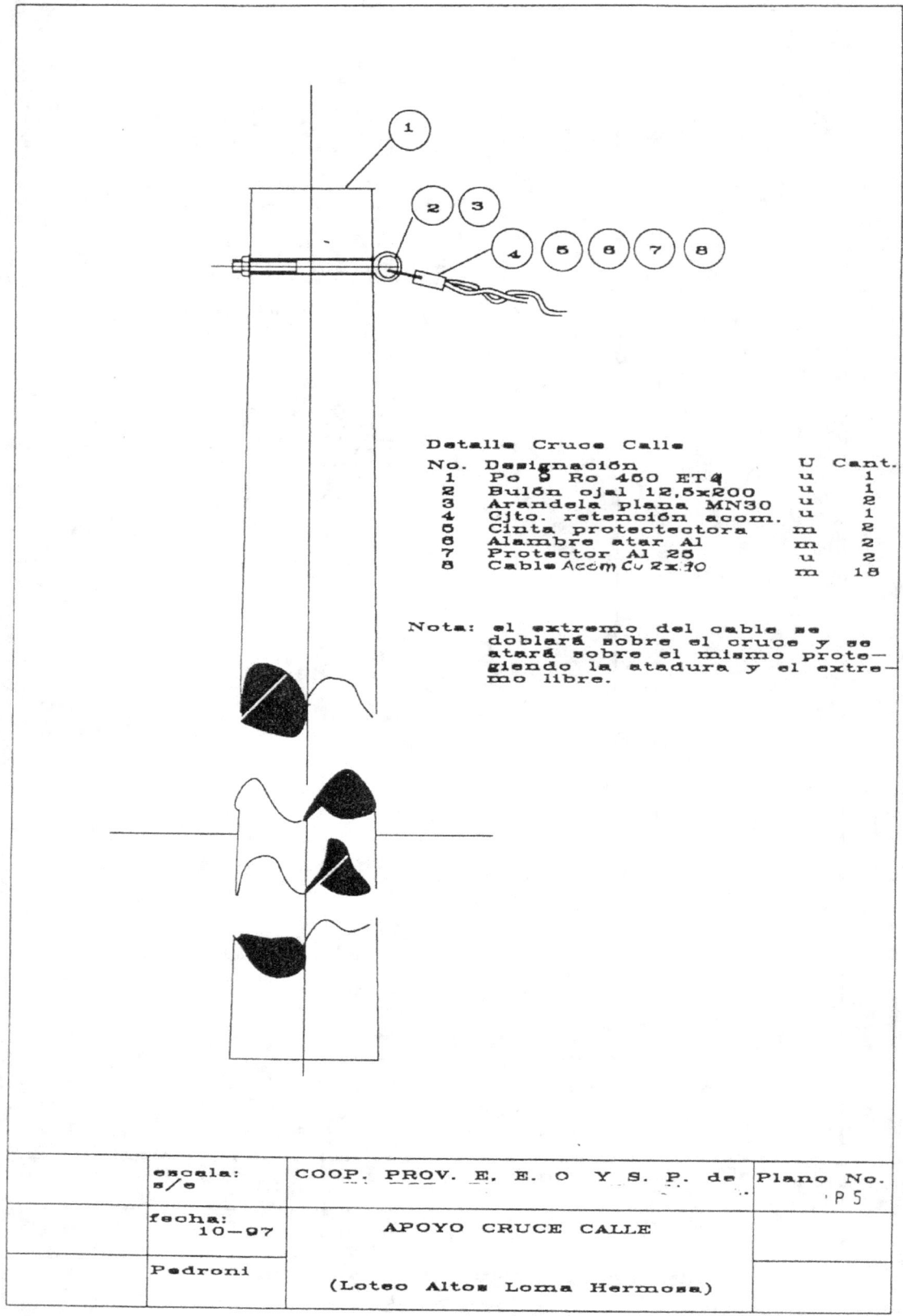

Detalle Cruce Calle

No.	Designación	U	Cant.
1	Po 9 Ro 450 ET4	u	1
2	Bulón ojal 12,5x200	u	1
3	Arandela plana MN30	u	2
4	Cjto. retención acom.	u	1
5	Cinta protectectora	m	2
6	Alambre atar Al	m	2
7	Protector Al 25	u	2
8	Cable Acom Cu 2x10	m	18

Nota: el extremo del cable se
doblará sobre el cruce y se—
atará sobre el mismo prote—
giendo la atadura y el extre—
mo libre.

escala: s/e	COOP. PROV. E. E. O Y S. P. de	Plano No. P 5
fecha: 10—97	APOYO CRUCE CALLE	
Pedroni	(Loteo Altos Loma Hermosa)	

Detalle Terminal

No.	Designación	u	Cant.
1	Po 8.5 Ro 1500 ET4	u	1
2	Fundación H.S.	m	1
3	Jabalina Ac/Cu 2x5/8	u	1
4	Cable Cu 25 desudo	m	2
5	Espárrago Q 320 E	u	2
6	Terminal ident. Cu25	u	1
7	Grampa ret. G17	u	1
8	Pieza int. Q 116	u	1
9	Bulón c. ojal 12,5x300	u	1
10	Arandela plana MN 30	u	2
11	Terminal identar Al50	u	1
12	Arandela Cu/Al d13	u	1
13	Protector Al 50	u	3
14	Protector Al 25	u	1

Detalle con cruce de calle
(sin computar conductor)

No.	Designación	u	Cant
20	Grampa conectora	u	2
21	Cinta protectora	m	2
22	Alambre de atar Al	m	2
23	Ojal con rosca 12.5	u	1
24	Cjto. ret. acometida	u	1
25	Cable	m	—

Detalle: con Ao. Po.

No.	Designación	u	Cant.
110	Artefacto 70W Na	u	1
111	Brazo metálico	u	1
112	Bulón exag.12,5x300	u	2
113	Arandela plana MN30	u	4
114	Cable PTR Cu 2x2,5	m	3
115	Grampa conect. fus.	u	1
116	Grampa conect.	u	2
117	Cinta prot.	m	2
118	Alambre atar	m	2

Notas: La puesta a tierra en cima realizarla con el mismo conductor portante (dejar chicote a tal fin)

La fundación permitirá cubrirla con tierra o vereda.

En todos los casos el apoyo terminal permitirá el montaje de Ao. Po. y/o Cruce de Calle.

En caso de Cruce de Calle sin Ao. Po. en ojal con rosca se fijará en el extremo del bulón con ojal.

	escala: s/e	COOP. PROV. E. E. O. Y S. P. de	Plano No. 2/2 P7
	fecha: 10-97	APOYO TERMINAL con Alumbrado Público con derivación Cruce de Calle	
	Pedroni	(Loteo Altos Loma Hermosa)	

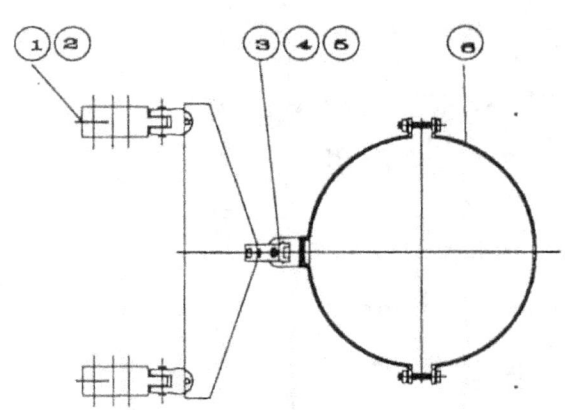

Detalle Doble Haz

No.	Designación	U	Cant.
1	Grampa ret. G17	u	2
2	Pieza int. Q 216	u	2
3	Balancín Q111	u	1
4	Pieza inter.Q115HH	u	1
5	Ojal con rosca 12,5	u	1
7	Abrazadera un bulón (ref300)	u	1

escala: s/e	COOP. PROV. E. E. O. Y S. P. de	Plano No.
		P 8
fecha: 10-97	DETALLE ANTENA	
	(SET)	
Pedroni	(Loteo Altos Loma Hermosa)	

Ejemplo de Cálculo de Presupuesto Oficial y determinación de los Honorarios y Aportes Jubilatorios

Obra: Línea de M.T. y SET sector Cerro de Oro Fecha: 28 feb. 2000

Presupuesto Oficial (en $)

Subtotal de materiales sin IVA (I=II).................................... 14.644,99

Subtotal con transporte (3%).. 15.084,34

Subtotal con mano de obra directa (16%)............................. 17.497,83

Subtotal con m. de o. ind. (16%).. 20.297,49

Subtotal con imprevistos (5%).. 21.312,36

Subtotal con utilidades (10%)... 28.366,75

Son pesos veintiocho mil trescientos sesenta y seis con 75 ctvos.

Honorarios

Mat. Primarios:......................... $15.601,71 \times 0,05 =$ 780,09

Mat. Secund. .... $12.765,04 \times 0,12 =$ 1531,80

Subtotal 2311,89

Proyecto 70% del subtotal.. 1618,32

Aportes jub. 10% de los honorarios 161,83

Subtotal depósito proyecto con aportes jub. 1780,15

Direc. Téc. 30% del Subtotal 693,57

Aportes jub. 10% de los honorarios 69,36

Subtotal depósito dir. téc. con aportes jub. 762,92

Rep. Téc. 0,03x0,80 del P.O. 680,80

Aportes jub. 10% de los honorarios 68,08

Subtotal depósito rep. téc. con aportes jub.. 748,88

CAPÍTULO 3

MEDIA TENSIÓN

PAUTAS A SEGUIR PARA LA EJECUCIÓN DE LÍNEAS DE DISTRIBUCIÓN DE ENERGÍA ELÉCTRICA EN MEDIA TENSIÓN EN LA PROVINCIA DE CÓRDOBA (2004)

Introducción

Como ya lo planteamos al comienzo de la materia, entendemos por líneas de distribución en Media Tensión los niveles de 13,2 y 33 kV, valores normalizados en la República Argentina; otros países usan tensiones de nivel similar sin ser los mismos.

Desde el punto de vista de nuestra materia, nos dedicaremos a líneas que cumplimentarán los requisitos de la Provincia de Córdoba en particular, pudiéndose en este caso interpretar que serán de propiedad de EPEC o de una Cooperativa de Servicios Eléctricos (únicos distribuidores de energía eléctrica en la Pcia. de Córdoba a la fecha 2004)

La policía del servicio es cumplimentada por el ERSEP, por lo que todo proyecto de obra debe ser visado por el mismo, responder al Pliego General de Especificaciones de EPEC y otras disposiciones complementarias

Tareas a realizar para poder materializar una obra eléctrica destinada a la función de distribución de energía eléctrica

Cuando encaramos el proyecto y ejecución de una obra eléctrica se deben realizar, (al menos definir y o ejecutar) las siguientes tareas y o estudios:

1) objeto de la línea.

2) lugar de emplazamiento, de dónde a dónde y por dónde (traza).

3) reglamentaciones particulares a obsevar.

Cumplimentados los pasos anteriores, se puede encarar la tarea de campaña y gabinete:

a) trabajo de campaña (fijación de traza en el terreno y levantamiento planialtimétrico).

b) trabajo de gabinete.

c) visado de proyecto y registro de obra.

Con el proyecto visado y registrado se está en condiciones de ejecutar:

a) replanteo en el terreno.

b) montaje de obra.

c) puesta en servicio.

Cada una de estas tareas (listado mínimo de acuerdo a nuestra experiencia), requiere de una atención particular que puede condicionar todo el desarrollo posterior y en las cuales detallamos:

a) objeto de la línea:

El objeto de la línea, será sin lugar a dudas llegar con el servicio eléctrico a un punto que lo requiere en media tensión por una serie de causas que listaremos tentativamente:

a.1) provisión a nuevo servicio: por ejemplo se trata de una nueva solicitud donde no existe el servicio eléctrico en el sector (loteo, suministro a una parcela rural o industrial, etc.).

a.2) existe el servicio pero es obsoleto, se debe mejorar la calidad del mismo (líneas de baja tensión largas, con mucha carga, caídas de tensión excesivas, etc.)

a.3) requerimiento de un usuario especial: existe el servicio, pero la potencia requerida por el usuario no se puede atender desde la red existente (ejemplo: taller, PYME, etc.)

b) lugar de emplazamiento, de dónde a dónde y por dónde (traza).

Este es un tema de riguroso análisis; se debe establecer el punto de suministro, que en general será fijado por el distribuidor trámite mediante, en base al requerimiento de potencia y sus posibilidades para atenderla. A continuación, conocido el lugar de suministro o puesto de medición del solicitante, se debe establecer por donde se materializará la obra, para lo cual se debe establecer con absoluta precisión quién es el dueño del espacio que ocupará la obra y tener el consiguiente permiso de paso (Municipalidad, Comuna, Dirección de Vialidad, particular) que cuando corresponda dará lugar a una servidumbre de paso que afectará el dominio o registro de la propiedad en cuanto al emplazamiento de la obra y su posterior mantenimiento.

c) reglamentaciones particulares a cumplimentar:

En este caso se debe tener claramente establecidos los requisitos a satisfacer por cada uno de los intervinientes activos o pasivos para la realización de la obra y que tareas administrativas se deben superar (código de desarrollo urbano, autorización de la traza, interferencia con otros servicios públicos, documentación técnica accesoria, etc.).

d) trabajo de campaña (fijación de traza en el terreno y levantamiento planialtimétrico):

Una vez obtenidos los permisos de paso, se materializan en el terreno los llamados puntos fijos de la traza (arranque, fin, ángulos, etc.) y se procede a realizar el levantamiento planialtimétrico que debe contener toda la información necesaria para la correcta ejecución de los trabajos de gabinete. La información necesaria corresponde al ancho de seguridad de la obra y diferirá según el tipo de línea (urbana, rural, aérea, subterránea, cruces de ruta y /o teléfonos y/o ferrocarril, etc.). Se adjunta copia de tramo de hoja de planialtimetría para una mejor comprensión; se destaca que la hoja de planialtimetría contiene valiosa información respecto al levantamiento planialtimétrico (progresivas, accidentes como cañadones, cruces con otros servicios, cotas del terreno, alambrados, nombre de los propietarios de terrenos afectados por la obra, etc.).

e) trabajo de gabinete.

Sobre un correcto levantamiento topográfico, recién comienza la tarea de proyecto propiamente dicho (o de de gabinete) que consiste en (para el caso de una línea aérea):

e.1) de acuerdo a las condiciones de proyecto (por el tipo de obra, reglamentación vigente, etc.) se adopta el tipo constructivo y se calcula el vano económico para el mismo (ver Vano Económico- Estudio).

e.2) definido el vano económico se adopta el vano máximo de cálculo (valor redondeado del anterior) y se decide si los soportes serán de altura constante o variable (para nuestro caso adoptaremos altura constante o fija).

e.3) se distribuyen tentativamente los soportes de alineación entre puntos fijos, sin sobrepasar el vano máximo de cálculo ya que tal situación invalida el trabajo anterior.

e.4) se trazan las curvas de tendido de conductor más bajo en la hipótesis de máxima temperatura y de mínima temperatura, curva de altura libre, curva de pié de poste (ver Cálculo Mecánico de Conductores – parábola o elástica del cable).

e.5) se determinan todas las situaciones especiales que requieran estudio pertinente o verificación en el terreno (ver planialtimetría modelo adjunta) y se realizan los mismos (cruces, obstáculos, etc.)

e.6) se clasifican las estructuras resultantes y se especifica la cantidad de cada una de ellas en el rótulo de cada hoja de planialtimetría.

e.7) se calculan y diseñan todas las estructuras intervinientes en el tramo de línea en proyecto y se vuelca la información pertinente en el respectivo sector de la hoja de planialtimetría (estructura, poste y accesorios, aislación, fundación y empotramiento, etc.).

e.8) se ejecuta el cómputo métrico de materiales, en base a resúmenes de la planialtimetría y planos de detalle elaborados.

e.9) se termina de elaborar la memoria técnico descriptiva, cómputo métrico de materiales y presupuesto de obra.

e.10) se prepara y ajusta el legajo técnico o proyecto de obra con los complementos (presupuesto oficial, análisis de mano de obra y equipos, plazo de ejecución, etc. y todo otro dato de hubiese sido requerido)

f) visado de proyecto y registro de obra.

El legajo técnico completo constituye el proyecto, y debe ser presentado a visación ante el ERSEP y registrado en el Colegio Profesional. Una vez visado y registrado se está en condiciones de iniciar la obra. En este punto termina la responsabilidad del proyectista.

g) replanteo en el terreno.

Es la tarea más importante de la ejecución de la obra, ya que relaciona el proyecto en el papel con el terreno real, cualquier error en esta tarea afectará a la obra desde el inicio. Marca esta tarea el inicio de responsabilidad del Director Técnico y del Representante Técnico (cuando no sean la misma persona).

h) ejecución de la obra.

La obra debe ser ejecutada como fiel reflejo del proyecto, toda variación deberá contar con la expresa autorización del propietario final y de quién ostenta la Policía del Servicio (en este caso ER-SEP). Como se ejecuta la obra es responsabilidad del Representante Técnico (entre otras) y que la obra responda al proyecto lo es del Director Técnico.

i) puesta en servicio de la obra.

Terminada la obra en el terreno y en los papeles es recibida por el destinatario quién realizará las pruebas funcionales que estime pertinentes y solicitará la aprobación final de quién realiza la Policía del Servicio (para nuestro caso ERSEP). La obra queda en manos del propietario final para su explotación, valiendo a partir de ese instante las garantías correspondientes y otros términos legales sobre proyecto, ejecución, etc.

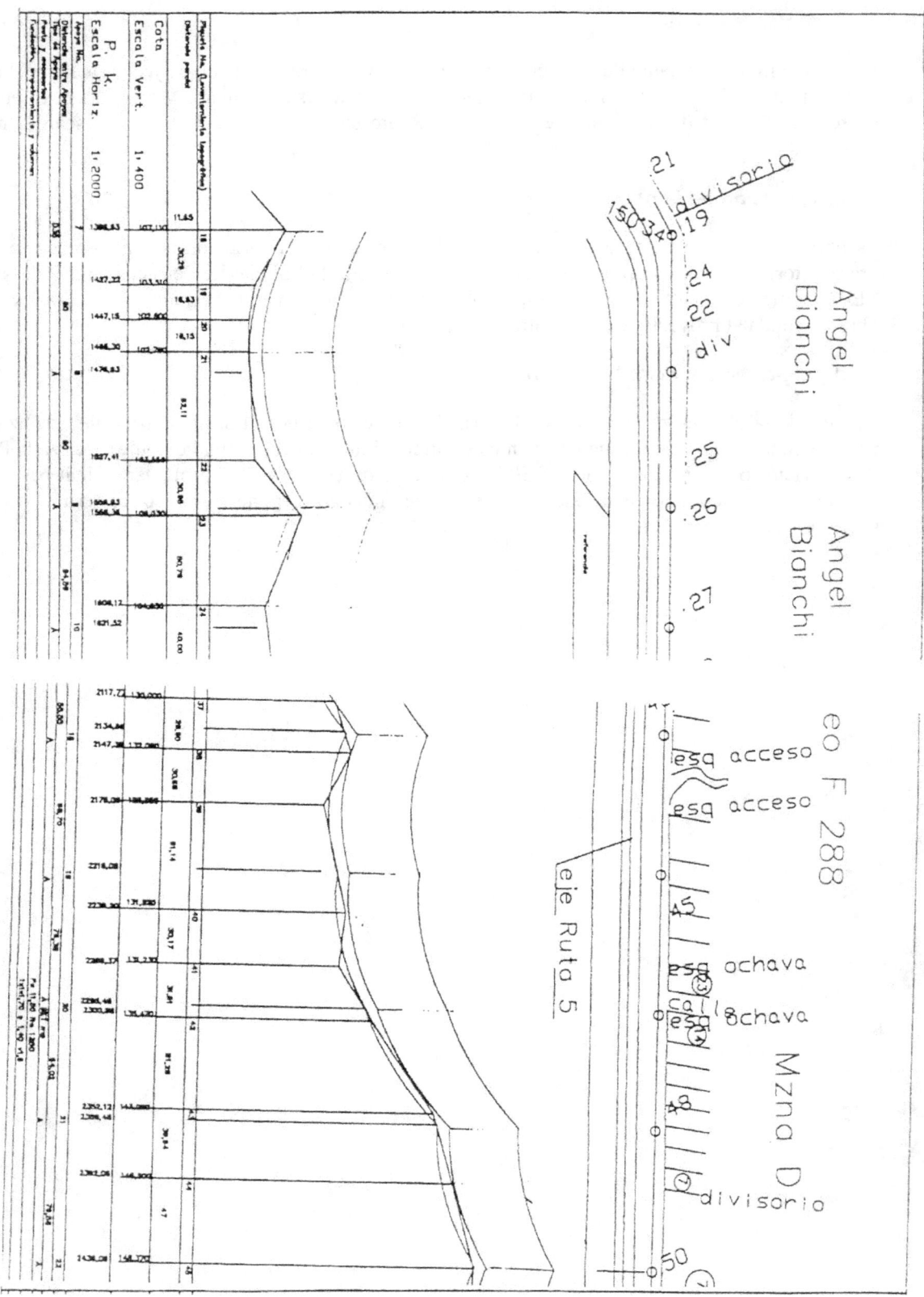

0772/6029

Trama No. 2
De progresiva No. 1396,93
A progresiva No. 2780,21
De piqueta No. 18
A Piqueta No. 51
De Apoyo No.
A Apoyo No.

Confeccionados sobre relevamiento planialtimétrico realizado por

"25 VISACION y APROBA... ... FPEC ... relativos al cum...
Nota: La obra que se proyecta es complementaria con el corriente...
la línea actual pro... de apoyos p. zona de camino ... ndo se con...
creta la apertura de calle solicitada a la Municipalidad.

DELEGACION ZONA "H" ALTA GRACIA.-

Resumen de Apoyos:

Terminal (arranque) 1
Alineación 21
Desvío 35a. 1
SET Alineación mp 1
SET terminal mp 1

22 MAY 2000
Oficina Técnica   PROYECTO
                   REGISTRADO

escala: Ind.	COOP. de PROV. de ENERGIA ELECTRICA O. y S. P. de	Plano No. /2
fecha: 2/00	LINEA MT (13,2kV) y SET (2X25kVA) CERRO de ORO PLANIALTIMETRIA	
Pedroni		

Parábola máxima

PROYECTO DE UN TRAMO DE LÍNEA

Con conocimiento de las " Pautas a seguir para la ejecución de líneas de distribución de energía eléctrica en Media Tensión en la Provincia de Córdoba" el proyecto propiamente dicho o trabajo de gabinete consiste en :

Interpretación del relevamiento planialtimétrico:

El proyectista "ve en el papel" que se suministra el agrimensor o técnico topógrafo la realidad de la zona de obra con todos sus accidentes, obstáculos, etc. según se aprecia en la muestra siguiente

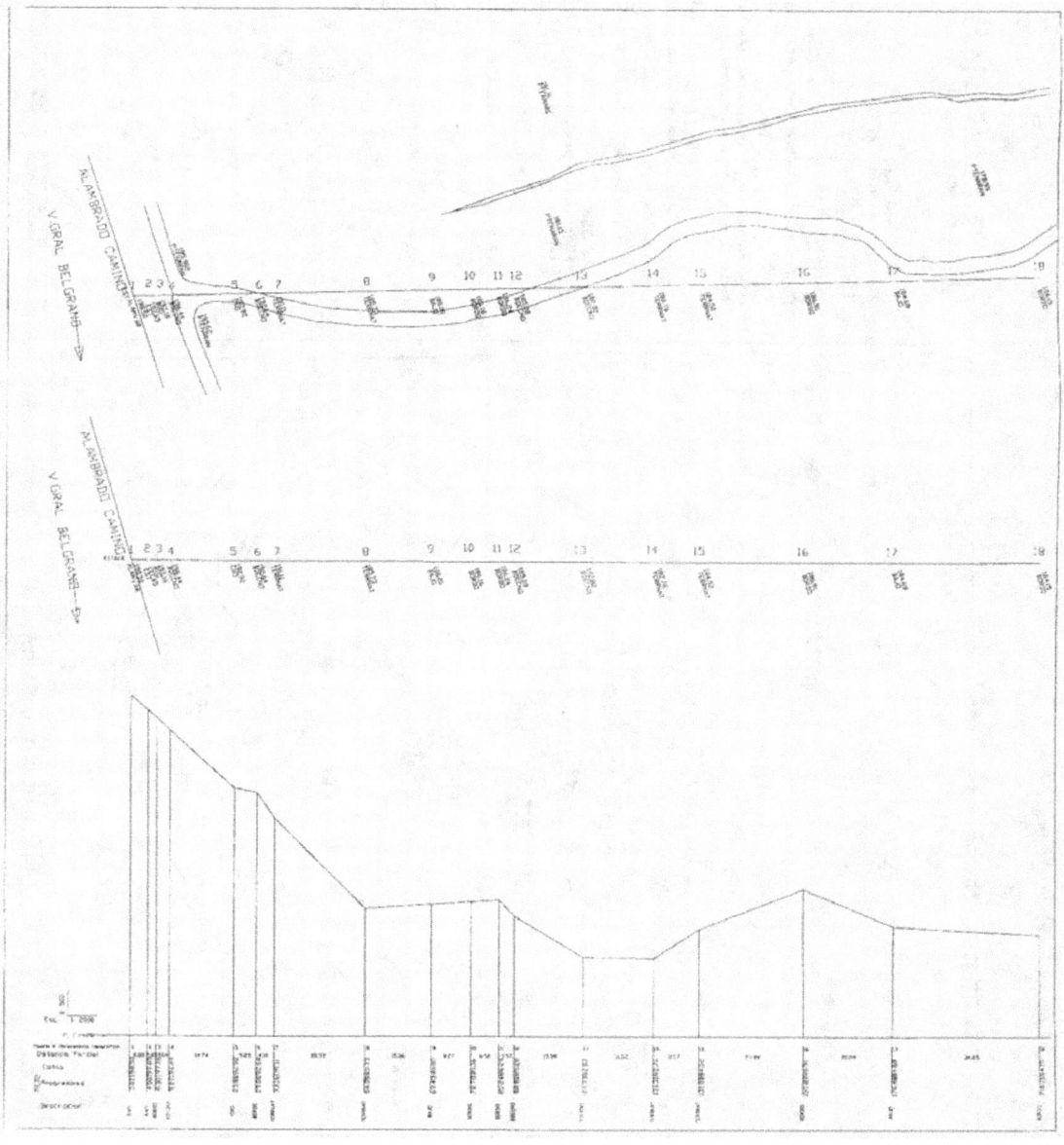

Cálculo eléctrico, caída de tensión, selección de la sección de conductores

Para líneas de distribución de energía eléctrica en 13,2 y 33 kV, la EPEC exige en ET 1002 una caída de tensión inicial máxima de 5% . Se interpreta, salvo indicación en contrario, en este caso que la caída de tensión involucra a todo el alimentador en cuestión en proyecto y en servicio. La verificación de caídas de tensión se realiza de acuerdo a la CT 41 de la EPEC. Para la selección del material de la línea se debe seguir el criterio fijado por las reglamentaciones vigentes y el que se debe adoptar en el proyecto (zona urbana o rural, importancia del tramo de línea, previsión o no de futuro, material del conductor, etc.). El cálculo a realizar es por demás simplificado, se supone que solamente incide en la caída de tensión la resistencia y la reactancia inductiva de la línea. En caso de un alimentador se tomará como potencia nominal la potencia de los transformadores en servicio y/o proyectados y se considerará cada tramo de línea en función de las características constructivas de la misma. Se sugiere construir un esquema unifilar y una tabla de cálculo donde se muestren todos los datos del sistema a verificar (conductores, tipo constructivo, potencia en el extremo de cada tramo, longitud del tramo, número del nudo o nudos o extremos del tramo, otros datos de interés, los cálculos se realizan con factor de potencia 0,8 pese a que este valor ha sido modificado al efecto del cálculo de tarifa, el normal pasó a ser 0,95).

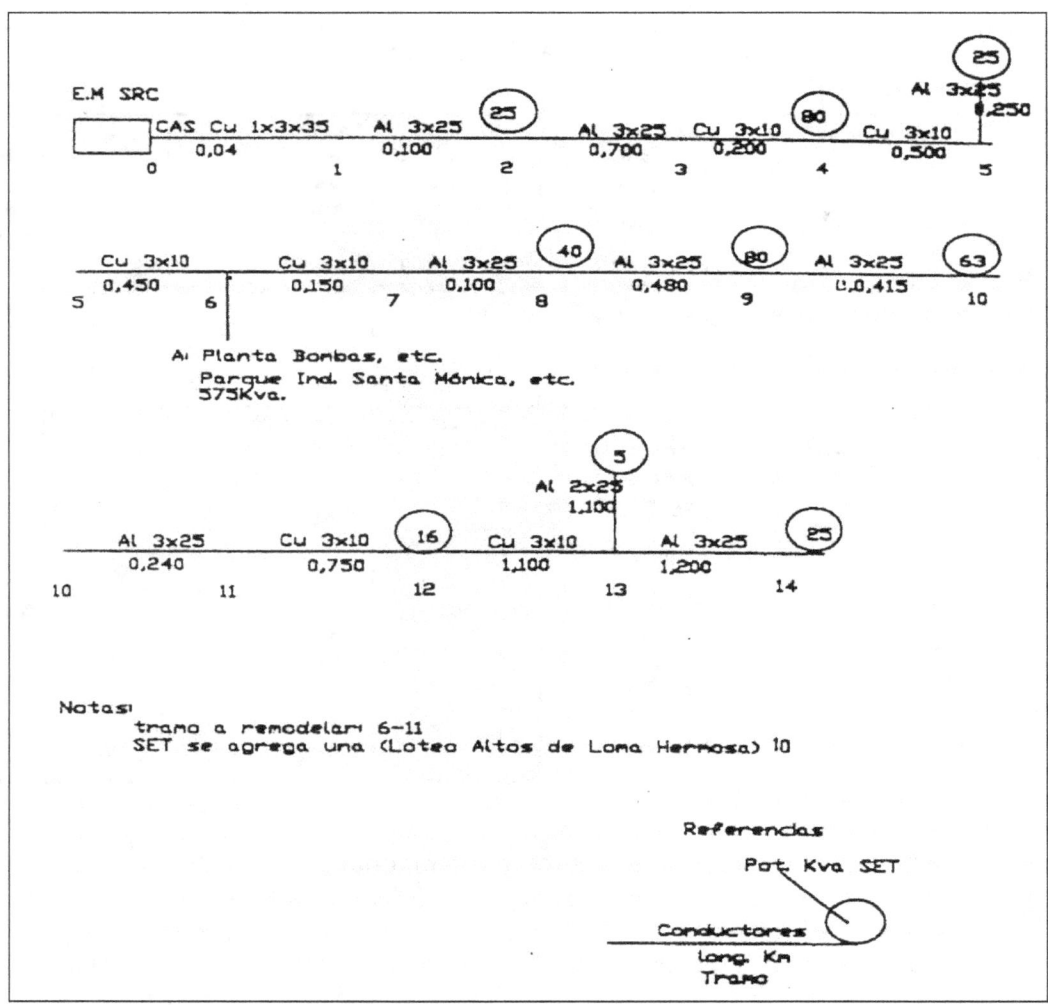

Tramo	Formación	Long.	Z	Potencia	I	AV	AV%
N°	Material	(km)	(0/km)	(kVA)	(A)	(V)	(%)
0-1	CAS Cu 35	0,040	0,67	934	40,162	1,076	0,0140
1-2	Al 3 × 25	0,100	1,27	934	40,162	5,101	0,0663
2-3	Al 3 × 25	0,700	1,27	909	39,087	34,748	0,4517
3-4	Cu 3 × 10	0,200	1,79	909	39,087	13,993	0,1819
4-5	Cu 3 × 10	0,500	1,79	829	35,647	31,904	0,4148
5-6	Cu 3 × 10	0,450	1,79	804	34,572	27,848	0,3620
6-7	Cu 3 × 10	0,150	1,79	229	9,847	2,644	0,0344
7-8	Al 3 × 25	0,100	1,27	229	9,847	1,251	0,0163
8-9	Al 3 × 25	0,480	1,27	189	8,127	4,954	0,0644
9-10	Al 3 × 25	0,415	1,27	109	4,687	2,470	0,0321
10-11	Al 3 × 25	0,240	1,27	46	1,978	0,603	0,0078
11-12	Cu 3 × 10	0,750	1,79	46	1,978	2,655	0,0345
12-13	Cu 3 × 10	1,100	1,79	30	1,29	2,540	0,0330
13-14	Cu 3 × 10	1,200	1,79	25	1,075	2,309	0,0300
						AV% extremo	1,7433

Cálculo mecánico de una línea de energía eléctrica

Elementos constitutivos de una línea aérea	Conductores de conducción y protección	Acción de: Peso propio Temperatura Viento Otras sobrecargas Tensiones Admisibles	Método aproximado de la parábola Método exacto de la catenaria	Cálculo de tiros y flechas Ecuación cambio de estado Vano crítico Vano regulación	Método gráfico Método analítico	Tabla de tesado de conductores
	Apoyos	Esfuerzos transmitidos por conductores y accesorios Esfuerzos sobre los apoyos Geometría de la estructura (separación de conductores, inclinación de aislación)	Apoyos diversos Alineación Desvío Terminal Retención Cruce Especiales	Vano nivelado Vano desnivelado		Verificación de la estructura y su fundación

Elementos constitutivos de una línea aérea de energía eléctrica

- Conductores de energía
- Conductores de protección

- Herrajes

- Aislación (rígida o suspendida)

- Circuito de puesta a tierra

- Estructura (poste, ménsulas, crucetas, etc. torres reticuladas, etc.)

- Fundación

La línea se instalará sobre terreno exstente, por lo que además de las verificaciones propias entre los elementos constitutivos se debe verificar su relación con el medio (puesta a tierra de instalaciones no pertenecientes a la línea y distancias mínimas a obstáculos y/u otros existentes o a instalarse como edificios, otras líneas existentes de energía, telefonía, etc.)

Cálculo mecánico de conductores e hilo de guardia. Ecuación de cambio de estado y vano crítico, vano ficticio de regulación. Determinación de tiros y flechas, tablas de tensado. Vano desnivelado (Introducción).

CÁLCULO MECÁNICO DE CONDUCTORES:

El cálculo mecánico de conductores se realiza siguiendo la CT 25 cumplimentado las exigencias de la ET 1002, para fundamentar las exigencias de dichos instrumentos legales desarrollaremos la teoría del cálculo mecánico de cables. Entendiéndose por cable el elemento mecánico apto para resistir esfuerzos de tracción exclusivamente.

En el ámbito eléctrico llamaremos genéricamente conductores a: alambres (un solo hilo) conductores de energía simples y compuestos (alma y recubrimiento o alma de un conjunto de alambres de un material recubierto por otro conjunto de alambres de otro material) y de protección según lo estudiado en Elementos y Equipos Eléctricos.

Nuestra problemática se centra en el hecho que el material que constituye el conductor nunca supere la tensión mecánica máxima admisible, es decir no este solicitado a esfuerzos mayores a los que puede soportar, coeficiente de seguridad mediante.

Sobrecargas: son acciones exteriores al conductor que modifican su peso en magnitud y dirección, estudiaremos para nuestro caso la acción del viento y manguito de hielo.

Acción del viento: produce un esfuerzo normal al peso, producto de la presión del viento por la sección que ofrece el conductor a esta acción, las normas fijan como velocidad máxima del viento 120 km/h que se traduce en una presión de 118 kg/m^2 para superficies planas y de 59 kg/m^2 para superficies cilíndricas (tomando la superficie plana aparente normal al viento).

Calculamos entonces:

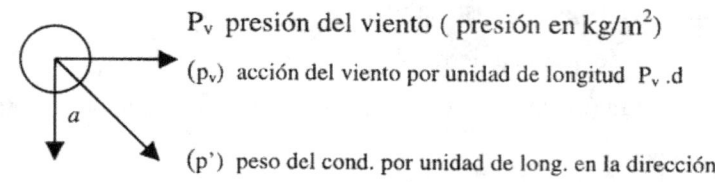

P_v presión del viento (presión en kg/m^2)

(p_v) acción del viento por unidad de longitud P_v .d

(p') peso del cond. por unidad de long. en la dirección a

(p) peso del conductor por unidad de longitud

Donde P_v es la presión del viento para nuestro caso superficie cilíndrica 59 (kg/m^2)

a es la longitud del vano (m)

d es el diámetro del conductor (m)

y el peso aparente del conductor es:

$$p' = (p^2 + p_v^2)^{1/2}$$

y el ángulo de inclinación respecto de la vertical resulta de

$$tg\ a = p_v/p$$

Se utiliza m coeficiente de sobrecarga como relación entre p' y p en la expresión

$$m = p'/p \quad o \quad \cos a = p/p'=1/m$$

Manguito de hielo:

El depósito de una película de hielo sobre el conductor produce varias acciones contraproducentes entre las cuales mencionaremos: aumento de peso, aumento de sección a la acción del viento y perfil irregular que favorece el galopeo (se verá este fenómeno en el Capítulo de Vibraciones Eólicas).

El cálculo de mayor peso se realiza estimando la sección anular del manguito y el peso específico del hielo, para el aumento de la acción del viento se deberá tener en cuenta la mayor sección que ofrece a dicha acción.

Tensión mecánica sobre el conductor

Para simplificar el planteo, consideraremos que la longitud del conductor es la misma que la del vano y que el peso del conductor está uniformemente repartido en el vano a (a los fines de reemplazar la catenaria por la parábola y simplificar los cálculos). En el esquema que sigue, se ha seccionado el conductor en el punto más bajo (mayor flecha) y se establece el equilibrio mediante una fuerza T (tiro) con lo que el equilibrio del sistema queda reflejado por, viendo el esquema:

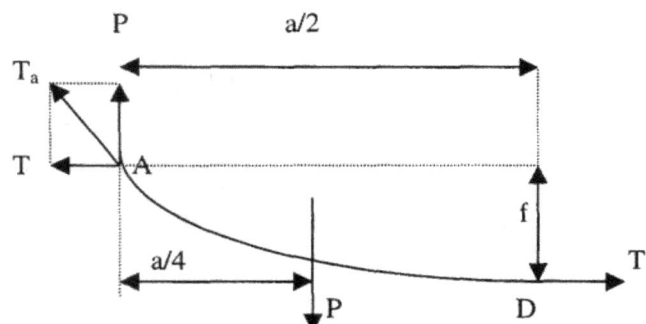

donde T es el tiro horizontal, P el peso del cable en el semivano, f la flecha, T_a el tiro tangente al conductor en el punto de amarre A, la unidades empleadas son:

$$T \ (kg/) \qquad\qquad P \ (kg)$$
$$p \ (kg/m.) \qquad\qquad a \ (m)$$
$$f \ (m)$$

Tomando momentos respecto de A, se plantea que:

$$P.a/4 = T.f$$

siendo P = p. a/2 se puede escribir que

$$p.a/2 \ .a/4 = T.f$$

o sea que

$$p.a^2 / 8 = T.f$$

por lo tanto

$$f = (p.a^2)/8T \qquad y \qquad T = (p.a^2)/8f$$

En el punto A, el valor de T_a se obtiene

$$T_a = (P^2 + T^2)^{1/2} = T(1 + P^2 /T^2)$$

como el peso del conductor es pequeño frente a T, se puede introducir en la raíz el término $P^4/4T^4$ sin mayor error, obteniendo

$$T_a = T(1 + P^2/T^2 + P^4/4T^4)^{1/2} = T((1 + P^2/T^2)^2)^{1/2} = T + (P^2/2T)$$

y reemplazando los valores de P y T por sus iguales,

$$T = (p \ a2)/8 \ f \qquad y \qquad P = p.a/2$$

resulta la expresión:

$$T_a = T + \frac{p^2 \dfrac{a^2}{4}}{2p\dfrac{a^2}{8f}} = T + p\,f \qquad\qquad T_a = T + p\,f$$

la relación entre T_a/T en los puntos A y D se puede expresar

$$T_a/T = 1 + p\,f/T$$

y si $pa^2/8 = T\,f$ se puede hacer

$$T_a = 1 + \frac{p\,f}{\dfrac{p\,a^2}{8f}} = 1 + 8\left(\frac{f}{a}\right)^2$$

que nos permite calcular la relación en función de la flecha y vano

Longitud del conductor:

La longitud real del conductor se calcula con auxilio de la expresión de la catenaria, cuyo desarrollo en serie es:

$$l = a\,(\,1 + 8f^2/3^{a2}\ - 32\ f^4/5^{a4} +........)$$

pero siendo la flecha pequeña respecto al vano, considerando sólo los primeros sumandos

$$l = a + (\,8\ f^2/3a)$$

y la relación entre longitud del conductor y vano

$$l/a = 1 + (8/3)\,(f/a)^2$$

ECUACIÓN DE CAMBIO DE ESTADO:

El problema que se le presenta al montador de una línea aérea (de cualquier clase o tipo) es que en ninguna situación el cable quede sometido a esfuerzos mayores que los permitidos (tensión mecánica máxima admisible). Para nuestro caso, EPEC en la ET 1002 fija las siguientes condiciones climáticas a las cuales hay que verificar los esfuerzos:

a) 50°.C sin viento.

b) 10°.C con viento

c) −10°.C sin viento

d) 16°.C sin viento

Para las condiciones a, b y c no debe superarse la tensión admisible, para la condición d), si bien actualmente no hay restricción, para mayores niveles de tensión y longitud de vano, aparece la figura de temperatura media anual (every day) que tiene que ver con la limitación para mejorar el comportamiento frente a las vibraciones eólicas, efectos que serán motivo de estudio en particular.

Las acciones a las cuales estará sometido un cable tomado desde sus extremos serán :peso propio, temperatura y sobrecarga (estudiaremos solamente la producida por el viento), por lo que si se puede establecer la condición de montaje más crítica, llamada base, de las fijadas por norma, nos interesa poder conocer las condiciones en un momento cualquiera de temperatura (sin viento) que es el que se requerirá en la obra.

La herramienta matemática que nos permite realizar este cálculo es la **ECUACIÓN DE CAMBIO DE ESTADO,** que relaciona la condición o estado base o conocido con la condición incógnita o del momento de tesar el conductor.

Planteemos nuestro caso de estudio, conductor sostenido desde los extremos de un vano, bajo la acción de los efectos del peso, sobrecarga y temperatura:

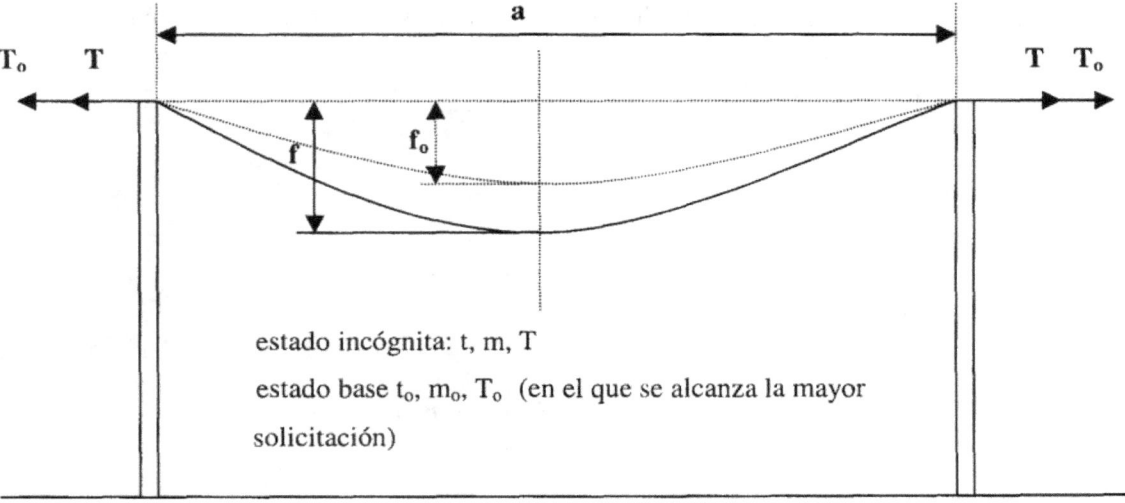

estado incógnita: t, m, T

estado base t_o, m_o, T_o (en el que se alcanza la mayor

solicitación)

Designaremos con:

α : coeficiente dilatación lineal del material del conductor

E : módulo de elasticidad del material del conductor.

t- t_o: variación de temperatura entre estado incógnita y base.

p: peso unitario del conductor en kg./m.

m_i: coeficiente de sobrecarga en el estado i

p_i: peso ficticio del conductor en el estado $p_i = m_i p$

S: sección real del conductor en mm cuad.

T: Tiro del conductor en kg

σ: Tensión del conductor en kg/mm²

Aceptemos, para este desarrollo que el peso y/o sobrecarga del conductor y la sobrecarga actúan por unidad de longitud de vano. Si se operara una variación de temperatura entre el estado base y el estado incógnita, la variación de longitud del conductor será:

$$\Delta l = l_o - l = l_o \alpha (t_o - t) \; ;$$

tomando l_0 = a ; para poder simplificar dado la escasa diferencia entre ambos,

$$\Delta l = a\alpha (t_o - t)$$

El conductor está fijo en los extremos, la variación de longitud modifica el tiro T_o que pasa a ser T, como consecuencia de la variación de tiro, se produce una variación de longitud:

$$\Delta l = l_0 - l = l_o \left(\frac{T_o - T}{ES} \right) = a \left(\frac{T_o - T}{ES} \right)$$

La variación de longitud por efecto simultáneo de variación de temperatura y tiro será:

$$l_o - l = a\alpha \left(t_o - t \right) + a \left(\frac{T_o - T}{ES} \right) = (*)$$

y considerando que

$$l = a + \frac{8f^2}{3a} \qquad y \qquad f = \frac{pa^2}{8T}$$

resulta:

$$l_0 = a + \frac{8p_0^2 a^4}{3a 64 T_0^2} = a \left(1 + \frac{p_0^2 a^3}{24 T_0^2} \right) = a \left(1 + \frac{p_0^2}{24} \frac{a^3}{T_0^2} \right)$$

y haciendo lo mismo para l resultará:

$$l = a \left(1 + \frac{p^2 a^3}{24 T^2} \right)$$

siendo p el peso ficticio en ese estado (incógnita) haciendo l_o-l se tiene:

$$l_0 - l = \frac{a^3}{24} \left(\frac{p_0^2}{T_o^2} - \frac{p^2}{T^2} \right) \qquad (*)$$

e igualando las dos expresiones (*) se tiene que:

$$a\alpha (t_o - t) + a \frac{T_o - T}{ES} = \frac{a^3}{24} \left(\frac{p_o^2}{T_o^2} - \frac{p^2}{T^2} \right)$$

es la Ecuación de Cambio de Estado, que resuelve el problema incógnita a temperatura t conocido el estado base a temperatura t_o.

Haciendo en forma más general, (considerando l_i=a permite simplificar), introduciendo el coeficiente de sobrecarga m, relación entre el peso ficticio y peso real , la expresión anterior se expresa:

$$\alpha(t_o - t) = \frac{a^2 p^2}{24}\left(\frac{m_o^2}{T_o^2} - \frac{m^2}{T^2}\right) - \frac{T_o - T}{ES}$$

siendo conocidos los valores de t_0, m_0, p_0 para la condición llamada básica donde se verifica T_0, se calcula T para la condición incógnita con t, m, p en el momento de tesado.

Para resolver la ecuación se agrupa :

$$T'^3 + T^2\left(\frac{p^2 a^2 m_o^2}{24T_0^2} + \alpha(t - t_0) - \frac{T_o}{SE}\right)SE = \frac{p^2 m^2 a^2 SE}{24}$$

que nos permite calcular T en la forma:

$$T^3 + T^2\left(\frac{p^2 a^2 m_o^2}{24T_0^2} + \alpha(t - t_0) - \frac{T_o}{SE}\right)SE = \frac{p^2 m^2 a^2 SE}{24}$$

efectuando, se llega a

$$T^3 + T^2\left(\frac{p^2 a^2 m_o^2 SE}{24T_0^2} + \alpha(t - t_0)SE - T_o\right) = \frac{p^2 m^2 a^2 SE}{24}$$

que se utiliza normalmente

VANO CRÍTICO

Para poder aplicar la ecuación de cambio de estado es necesario conocer el estado base; en nuestro caso aparentemente podría haber cuatro posibilidades que analizaremos:

a) estado de mayor temperatura sin viento: es la situación en que más "flojo" se encuentra el conductor, no puede alcanzar la máxima tensión.

b) esta restricción será valedera para líneas de vanos largos y secciones importantes, para media tensión, la norma (ET 1002) eliminó la restricción.

b y c) entre estas dos hipótesis se debe encontrar el estado base, para determinarlo pensemos en dos situaciones extremas: que el vano tienda a 0 y que el vano tienda a ∞.

En los casos planteados, para vano que tiende a 0, desaparecen los término en que figura a, donde está la sobrecarga por lo que influye es la temperatura, para vano que tiende a ∞, dividiendo por a^2

desaparecen los términos en t, es decir lo importante es la sobrecarga. Por vano crítico se entiende el vano que verifica ambas hipótesis simultáneamente.

Para obtener la expresión del vano crítico, a_c, planteamos la ecuación para que una tensión T de regulación a temperatura t resulte igual a T_A y T_B :

$$T_A^3 + T_A^2 \left(\frac{a^2 m_0^2 \, pSE}{24 T_0^2} + \alpha \left(t_A - t_0 \right) SE - T_0 \right) = \frac{a^2 m_A^2 \, p^2 SE}{24}$$

$$T_B^3 + T_B^2 \left(\frac{a^2 m_0^2 \, pSE}{24 T_0^2} + \alpha \left(t_B - t_0 \right) SE - T_0 \right) = \frac{a^2 m_o^2 \, p^2 SE}{24}$$

por hipótesis $T_A = T_B = T_{\text{máx. admisible}}$ y restando miembro a miembro las expresiones anteriores se obtiene (p es el peso unitario del conductor sin sobrecarga)

$$T_m^2 SE\alpha \left(t_A - t_B \right) = a^2{}_c \frac{\left(m_A^2 - m_B^2 \right)}{24} p^2 SE$$

y operando resulta a_c

$$a_c = \frac{T_m}{p} \sqrt{\frac{24\alpha \left(t_A - t_B \right)}{m_A^2 - m_B^2}}$$

que nos permite interpretar que para vanos mayores que el a_c la condición de sobrecarga se impone y para vanos menores que a_c la que se impone es la de temperatura.

La CT 25 de EPEC tiene tabulada para conductores de aleación de aluminio, cobre y distintas tensiones admisibles los valores de los productos de cantidades que resultan constantes para cada caso.

El lector comprenderá que el caso que estudiamos es sencillo, no pasa lo mismo cuando alargamos el vano y aumentamos la sección (66 kV y más) o cambiamos las hipótesis de cálculo, la situación resultante puede imponernos una investigación profunda que se resuelve relacionando los estados entre sí, analizando los comportamientos y llegar a un vano crítico único. Dentro del radical pueden aparecer números positivos o negativos, numerador o denominador cero o ambos a la vez.

Vano ideal de regulación:

Llamamos tramo de línea al conjunto de vanos con soportes de alineación entre dos retenciones. Las retenciones son los límites del tramo (pueden ser desvíos, terminales, etc.). En el tramo existen vanos de distintas longitudes que por lo tanto están sometidos a distintas tensiones; las cadenas de aisladores deben absorber estas diferencias, caso contrario aparecerán inclinadas a la vista. Para mejorar la situación, se establece o acepta que las tensiones en todos los vanos varían como lo haría un vano teórico que se llama de regulación, ideal, equivalente, etc.

Para calcular este vano partimos de una de las formas de la ecuación de cambio de estado:

$$\alpha(t_2 - t_1) + \frac{T_2 - T_1}{SE} = \frac{a^2}{24}\left(\frac{p_2^2}{T_2^2} - \frac{p_1^2}{T_1^2}\right)$$

recordando $p_i = m_i p$ y multiplicando por a se obtiene:

$$\left(\alpha(t_2 - t_1) + \frac{T_2 - T_1}{SE}\right)a = \frac{a^3}{24}\left(\frac{p_2^2}{T_2^2} - \frac{p_1^2}{T_1^2}\right)$$

donde el segundo miembro es la diferencia de longitud entre l_2 y l_1 visto con anterioridad al plantear la ecuación de cambio de estado:

$$l_2 - l_1 = \frac{a^3}{24}\left(\frac{p_2^2}{T_2^2} - \frac{p_1^2}{T_1^2}\right) = \left(\alpha(t_2 - t_1) + \frac{T_2 - T_1}{SE}\right)a$$

generalizando para los vanos del tramo y sumando:

$$\sum(l_2 - l_1) = \frac{1}{24}\left(\frac{p_2^2}{T_2^2} - \frac{p_1^2}{T_1^2}\right)\sum a^3 = \left(\alpha(t_2 - t_1) + \frac{T_2 - T_1}{SE}\right)\sum a$$

donde

$$\sum a^3 = a_1^3 + a_2^3 + \ldots\ldots$$

y

$$\sum a = a_1 + a_2 + a_3 + \ldots\ldots$$

y haciendo pasaje de términos se tiene que:

$$\alpha(t_2 - t_1) = \frac{1}{24}\left(\frac{p_2^2}{T_2^2} - \frac{p_1^2}{T_1^2}\right)\frac{\sum a^3}{\sum a} - \frac{T_2 - T_1}{SE}$$

comparando con la ecuación general

$$\alpha(t_2 - t_1) = \frac{a^2}{24}\left(\frac{p_2^2}{T_2^2} - \frac{p_1^2}{T_1^2}\right) - \frac{T_2 - T_1}{SE}$$

nos quedaría que

$$a^2 = \frac{\sum_1^n a^3}{\sum_1^n a} \qquad \text{y por lo tanto} \qquad a = \sqrt{\frac{\sum_1^n a^3}{\sum_1^n a}}$$

aplicable en el tramo en estudio.

Otras normas y autores fijan:

$$a = \text{Vano medio} + 2/3 \,(\text{Vano máx.} - \text{Vano medio})$$

DETERMINACIÓN DE TIROS Y FLECHAS, TABLA DE TESADO.

Conocidas las hipótesis a verificar por la reglamentación del lugar de emplazamiento de la obra (ET 1002 EPEC para el caso en estudio), con auxilio de las ecuaciones vistas se puede realizar el cálculo respectivo. Se transcribe modelo para 13,2 kV con aislación rígida incluido la verificación por oscilaciones opuestas que exige la ET 1002.

Cálculo mecánico de conductores Al-Al 50

Característica de los conductores:

Descripción:	Unidad	Características
Material	–	Al-Si-Mg
Módulo elasticidad	kg/mm^2	6.000
Tensión admisible	kg/mm^2	8
Tensión adm. temp. media	kg/mm^2	
Coef. dilat. lineal	1/°C	23×10^{-6}
Sección real	mm^2	51,07
Diámetro conductor	mm	9,25
Peso unitario(p)	kg/km	140,4
Número de hilos	N°	19
Diámetro del hilo	mm	1,85
Peso específico (W)	kg/dm^3	2,7

Condiciones climáticas:

a) T= 50°C   P= 0 kg/mm^2

b) T= 10°C   P= 59 kg/mm^2

c) T= -10°C   P= 0 kg/mm^2

d) T= 16°C   P= 0 kg/mm^2

Los cálculos se realizarán en base a C.T. 25 de la EPEC.

CÁLCULO MECÁNICO DE CONDUCTORES AL-AL 50MM²

Vano: 80 m   Tensión máx.= 8kg/mm²

Corresponde utilizar:

$$T^2(T-T_0+B_1.a^2.10^{-3}+A(t-10))=C.a^2$$

T_0:408,56 kg/mm² B_1:24,276   A:7,047   C: 251,67

Estado a)   T= 106,00 kg   f=1,03 m
Estado b)   T= 401,00 kg   f= 1,10 m (incl.75,83°) (1,07 0,27)

Estado c)   T= 397,00 kg   f=0,28 m

Estado d)   T= 235,00 kg   f= 0,47 m

Distancias entre conductores:

Distancia mínima entre conductores:

$$d_{mín}= K (f_{max})^{1/2}+ U/150 = 0,70(1,03)^{1/2} + 13,2/150 = 0,798 \text{ m}$$

se adopta

$$d_{mín}= 0,8m$$

Verificación por oscilaciones opuestas:

En estado b)

$$t= 10°C; P_v=59 \text{ kg/mm}^2; T_{máx}= 401,00 \text{ kg}$$

sobrecarga por viento por unidad de longitud:

$$F_v= P_v \times \text{superficie}= 59 \times 0,00925=0,545 \text{ kg/m}$$

resultante sobre conductor de peso y presión del viento:

$$q=(p^2+q^2)^{1/2}= (69,5^2+545^2)^{1/2}= 562,79 \text{ kg/km}$$

$$f= q.a^2/8 \text{ } T = 0,56279x80^2/8x401,00= 1,12 \text{ m}$$

ángulo inclinación respecto de la vertical:

$$\text{arc.tg } (F_v/p=545/140,4)=75,55°$$

corresponde tomar 20% de 75,55°= 15,11°, con lo que la aprox. horiz. ap=f.sen 15,55° =

1,10 × 0,26= 0,286 m

verificación:

0,80-2 × 0,286=0,228 m mayor que 13,2/150=0,088 m

La tabla de tesado se ejecuta para el rango de temperaturas extremas, en nuestro caso entre - 10º.C y 50º.C de grado en grado sin viento (ya que la tarea se ejecuta durante el día, en el horario de menor variación de temperatura y sin viento). Se transcribe modelo.

Tabla de tesado para conductor de Al Al 50mm² vano 80m

Temp. 0o.	Tensión (kg/mm²)	Tiro (kg)	Flecha (m)
-10	7,92	397	0,28
-5	7,27	364	0,30
0	6,62	332	0,33
5	5,99	300	0,36
10	5,38	269	0,41
15	4,80	240	0,46
20	4,25	213	0,51
25	3,75	188	0,58
30	3,31	165	0,66
35	2,92	146	0,75
40	2,60	130	0,84
45	2,34	117	0,94
50	2,12	106	1,03

Hilo de Guardia:

Mencionaremos la función del conductor de protección o hilo de guardia en una línea de distribución. Brinda protección a las partes sometidas a tensión contra las descargas atmosféricas. Físicamente se coloca por encima de la línea a efectos de formar un " paraguas " sobre la misma. Por otro lado en cada estructura se conecta rígidamente a tierra a través del circuito de puesta a tierra. Mediante esta conexión se establece un punto de potencial cero por encima de la línea, de tal manera se intenta que las descargas atmosféricas en su recorrido a tierra se canalicen por el circuito de puesta a tierra interfiriendo lo menos posible en el funcionamiento eléctrico del sistema de distribución.

La zona de protección que brinda el cable se calcula según dos criterios o teorías universalmente aceptadas y que cada empresa adopta o selecciona y que ya fueron estudiadas en materias anteriores como: a) Langrehr, b) ángulo de 30º con la vertical y que graficamos:

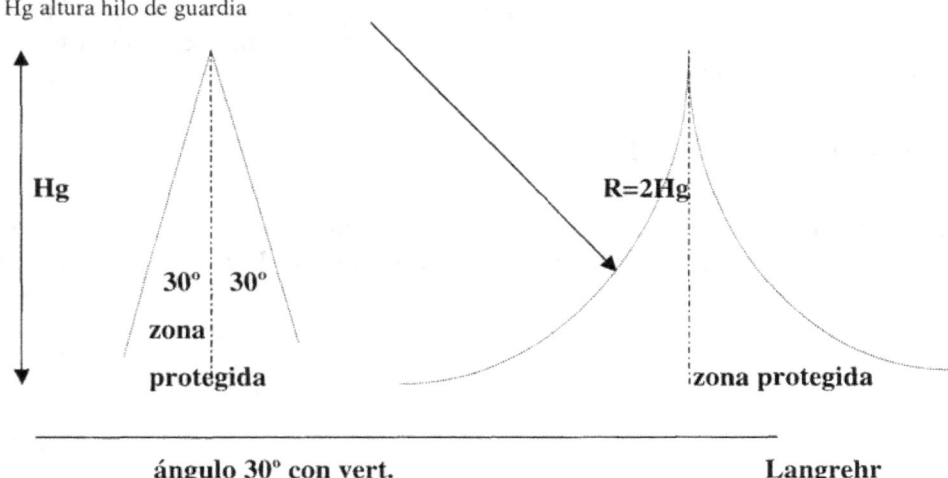

ángulo 30° con vert.   Langrehr

La protección en el vano se consigue restringiendo la flecha del conductor de protección, de tal forma que los conductores de energía queden dentro de la zona protegida.

Es importante que la resistencia del circuito de puesta a tierra y de tierra sea lo más bajo posible a efectos de que la diferencia de tensiones y su gradiente no produzca daños. En un próximo desarrollo calcularemos las distancias, forma de fijar la tensión mecánica máxima, etc. para este conductor de protección.

Vano desnivelado (introducción):

Los aspectos que hemos presentado hasta el momento presuponen que los puntos de sujeción del conductor se encuentran al mismo nivel, podemos aceptar pequeñas diferencias en terrenos de llanura, pero se complica cuando el desnivel se hace notorio.

Para entender la problemática del vano desnivelado estudiemos primero como construimos la curva que adopta el cable en un determinado estado de carga. Por simplicidad y adecuarse a los objetivos del curso adoptamos para la realización de nuestros cálculos la parábola, es decir aceptamos que la carga del cable se opera por unidad de longitud del vano, cuando el vano se desnivela el error se acrecienta ya que la longitud del vano pasa a ser un cateto y los puntos de sujeción del cable determinan la hipotenusa de un triángulo.

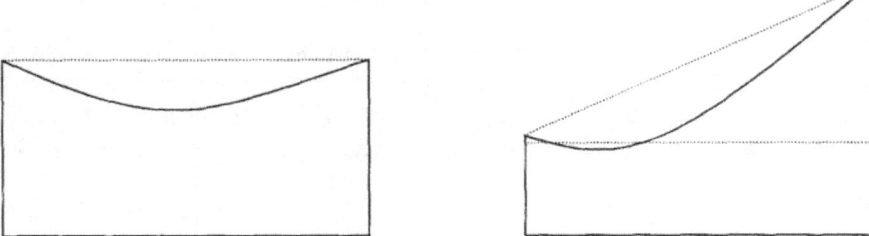

En la figura se aprecia que la longitud entre los puntos de sujeción del cable varía significativamente al aumentar el desnivel del vano, introduciendo un error en nuestras hipótesis, por lo que corresponde hacer los cálculos utilizando la expresión de la catenaria.

Por separado se agrega un apéndice con temas que se desarrollarán a manera de introducción, para que el alumno tenga referencia de los mismos y la forma de encarar su solución, para este caso particular, los temas referentes fueron tomados de la Guía de Estudios de la Cátedra de Electrotecnia

III; Tecnología, Transmisión, Distribución y Economía de la Energía Eléctrica que se dictaban en los planes anteriores y cuya autoría específica corresponde al entonces Profesor Ing. Diógenes Pérez Solares fallecido en 1992.

Curva característica de un cable:

Operando con la ecuación de la parábola, suponiendo un extremo del vano en el origen de coordenadas y el otro a distancia a , graficando el vértice sobre el eje de las abscisas se tiene que:

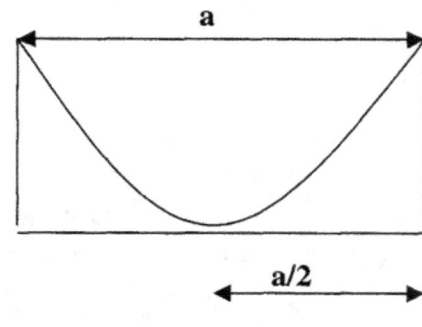

$$y = \frac{1}{2}\frac{x^2}{h}$$

la flecha se ubicará en el centro del vano, para a/2 y será la diferencia entre x=a/2 y x=0

$$f = \frac{\left(\frac{a}{2}\right)^2}{2h} - 0 = \frac{\left(\frac{a}{2}\right)^2}{2h}$$

de donde

$$2h = \frac{\left(\frac{a}{2}\right)^2}{f} \qquad y \qquad h = \frac{(semivano)^2}{2\,flecha}$$

que se denomina parámetro,la ecuación de la parábola es fácil de construir a partir de conocer la flecha y el vano, también podemos recurrir a plantearla matemáticamente como una curva que pasa por tres puntos.

Debemos Recordar, no obstante, que valores exactos se obtienen recurriendo a la ecuación de la catenaria, sin embargo se ratifica que por razones prácticas se utiliza la ecuación de la parábola, siempre para vanos nivelados. La dlecha calculada con ambas herramientas matemáticas mantendrá una diferencia para vanos de 100 m menor a 0,015 m, para 500 m menor a 0,300 m, para 1000 m a 1,300 m.

Para nuestro problema de distribución, con vanos que difícilmente superarán los 150m el error es casi imperceptible en la realidad de la obra. Por otro lado es necesario recordar que la flecha de cálculo con la parábola resulta inferior a la calculada con la expresión de la catenaria.

Aplicación a la investigación de vanos desnivelados :

El problema mayor que se presenta ante la situación de vanos desnivelados es que en la situación de parábola mínima (mínima temperatura) aparezcan esfuerzos que tiendan a levantarnos el o los postes como apreciamos en el croquis

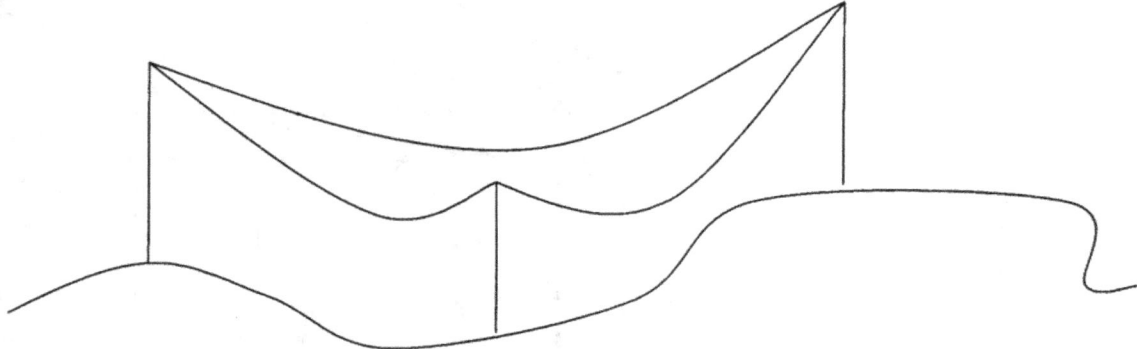

Si la curva inferior es la que adopta el cable a temperatura máxima, apoya sobre el soporte intermedio, a temperatura mínima adoptando la curva superior, queda por encima del soporte, si está atado al mismo origina un esfuerzo hacia arriba que intentará arrancar el poste.

A posterior, cuando se estudie la distribución de apoyos volveremos sobre la determinación de vanos desnivelados y la verificación de la existencia de esfuerzos perjudiciales, la forma de calcularlos o evitarlos, etc.

Por de pronto se destaca la necesidad de construir la curva de temperatura mínima para los dos vanos continuos y verificar la existencia de la situación descripta.

Dimensionamiento geométrico, verificación de estructuras y fundaciones (alineación):

Estamos en condiciones de proceder al dimensionamiento o geometría de la línea, especialmente del apoyo de alineación que utilizaremos para el cálculo del vano económico. Procedemos de la siguiente manera:

a) croquizamos la geometría de la línea

b) calculamos tiros y flechas de conductores (vertical y horizontal, ángulo de inclinación).

c) calculamos los ángulos de inclinación de las cadenas de aisladores.

d) calculamos o verificamos las distancias eléctricas.

e) completamos con las dimensiones de las piezas mecánicas.

f) seleccionamos poste y accesorios normalizados que verifiquen los cálculos anteriores

g) completamos con las dimensiones el croquis y dibujamos el diseño definitivo.

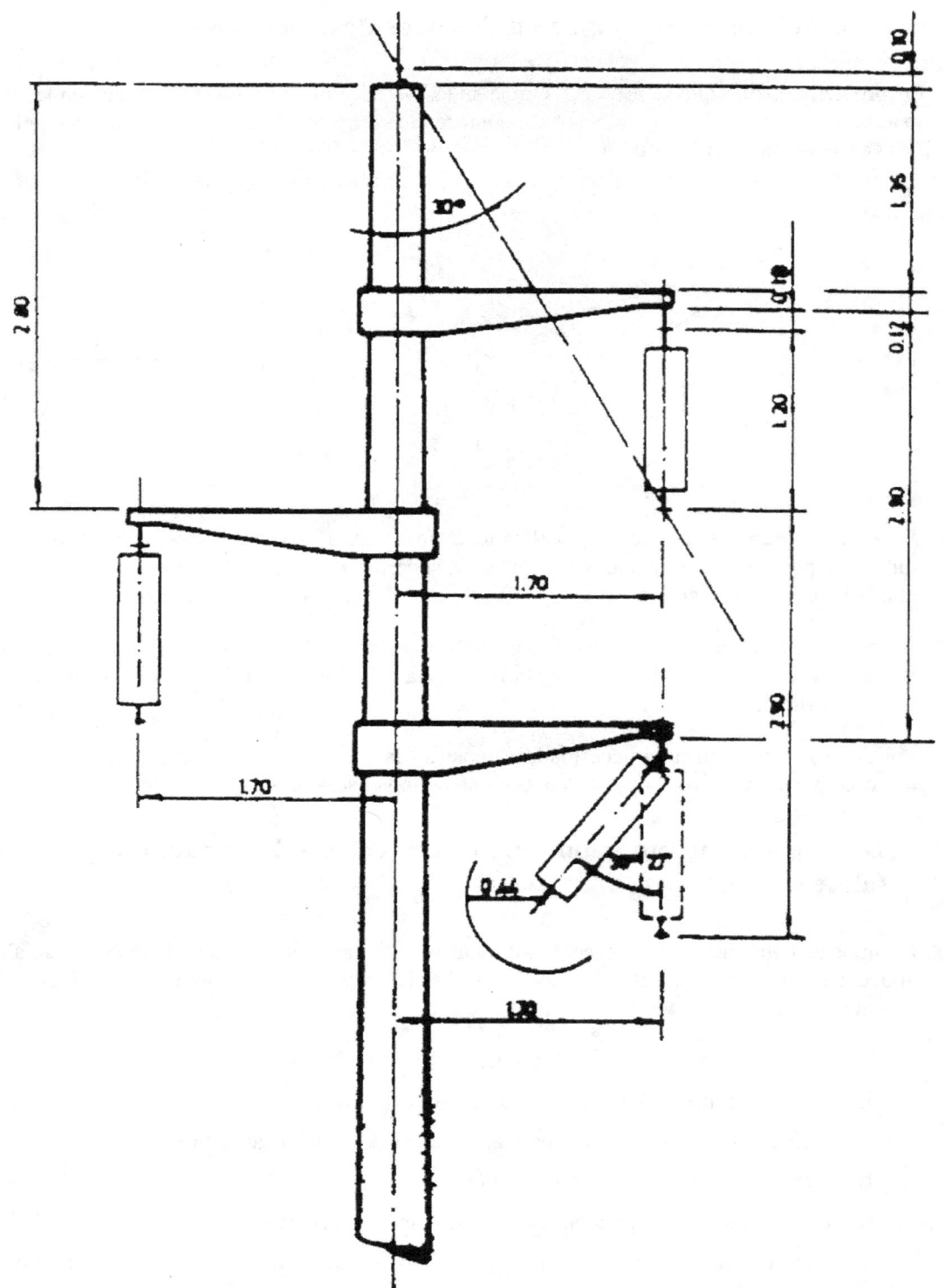

h) completamos la verificación de poste y fundación según las exigencias de las normas.

El dimensionamiento de postes especiales lo estudiaremos una vez determinada su necesidad (luego de efectuar la distribución de soportes sobre la planialtimetría con el vano adoptado).

Vano económico:

Cuando se propone construir una línea de distribución o incluso de transmisión, la sección de los conductores está determinada en base a cálculos eléctricos y/o económicos, nuestra misión es asegurar que la propuesta que elaboremos satisfaga las normas de seguridad, pliegos de especificaciones y permita la construcción con la mínima inversión. El lector interpretará que esta tarea pude ser muy engorrosa según el número de variables que intervengan. A los fines de que el alumno interprete el espíritu del cálculo nos limitaremos a costos directos de la línea dejando de lado los factores externos que hacen al montaje (mano de obra, equipos, costos financieros, etc.)

Los costos que estudiaremos tienen que ver con:

a) costos fijos: cables, puesta a tierra de alambrados, etc.

b) costos en función del vano: herrajes, aisladores, postes y accesorios, fundaciones, puestas a tierra, etc.

El tramo a analizar será recto, sobre terreno llano, sin retenciones ni transposiciones.

Plantearemos dos hipótesis extremas: la línea tiene sólo dos apoyos, el inicial y el final que verifican al centro la altura libre, y la otra, la línea tiene una apoyo al lado de otro que mantienen la altura libre. Ambas soluciones son descabelladas y extremadamente caras, por lo tanto debemos buscar una intermedia, que satisfaciendo los requerimientos de seguridad permita la mínima inversión.

Para una primera aproximación haremos el cálculo sobre cinco vanos distintos, diferenciados entre sí en una distancia fija, por ejemplo 50, 100, 150, 200, 250metros. Con los valores obtenidos construimos el gráfico que será aproximadamente una curva y por cualquier método de interpolación podemos obtener el punto de tangente horizontal que sería nuestro vano económico que deberemos ajustar a un número redondo.

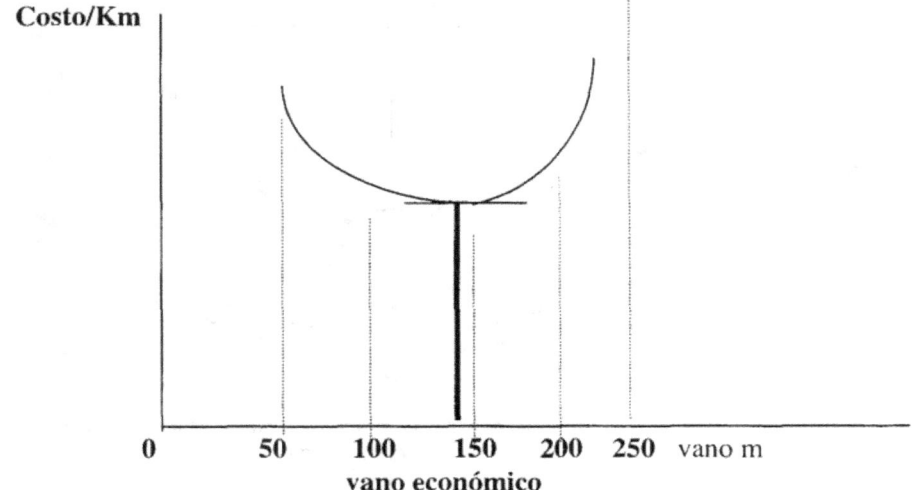

Para considerar en un estudio integral de vano económico valen las siguientes pautas:

a) el v.e. crece con la sección de los conductores.

b) la adopción de hilo de guardia no lo modifica sensiblemente.

c) aumenta con la tensión eléctrica.

d) varía con la geometría adoptada (torres, pórticos, etc.)

e) varía con el trazado (si es sinuoso disminuye el v.e.)

Distribución de apoyos, plantillas de parábola máxima y mínima, altura libre, pié de postes, etc.

Con la elección del vano máximo de cálculo, basado en el estudio de vano económico, se comienza la tarea de distribuir los apoyos sobre el plano de relevamiento planialtimétrico de la traza de la línea. Para esta tarea se parte de la premisa que existen puntos fijos de la traza que no se pueden modificar, como ser: arranque, final, cruces de rutas, teléfonos, accidentes naturales, y por lo general los puntos de quiebre. La distribución se hace por tramos entre dos puntos fijos.

Se hace necesario contar con las plantillas de:

- Parábola máxima, altura libre y pié de postes (dibujadas superpuestas)
- Parábola mínima (cuando se adquiere destreza en el trabajo pueden dibujarse superpuestas).

Las plantillas se construyen respetando la escala del relevamiento y tienen por objeto permitir ubicar los apoyos sin extendernos por encima del vano de cálculo, asegurando la distancia libre de seguridad o altura libre, poder utilizar apoyos de la misma altura o tipo pre establecidos.

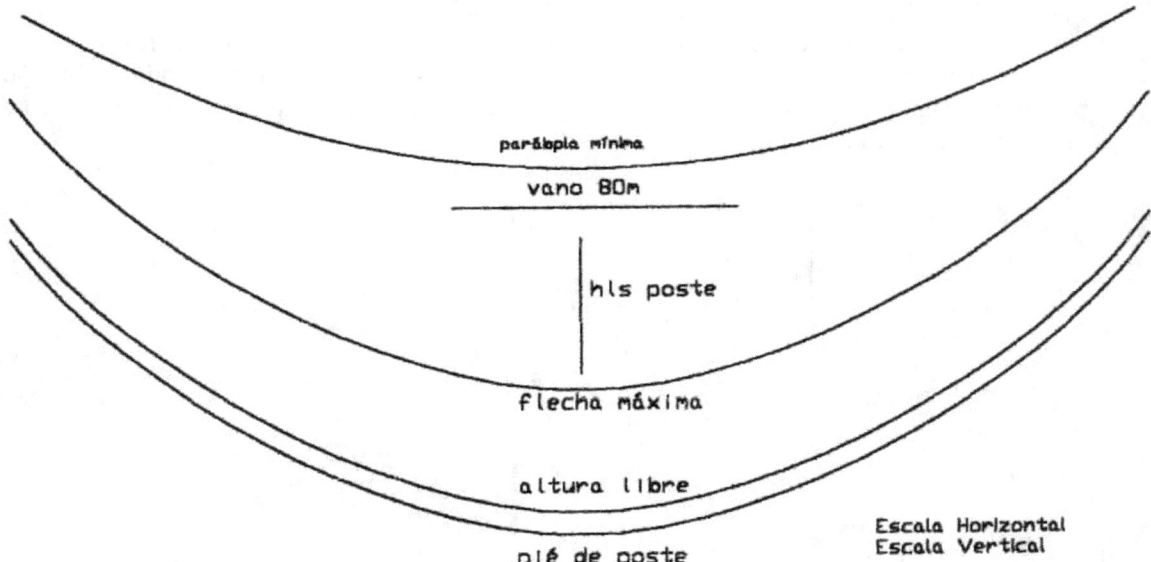

Plantilla para trazado de paábola, flecha máxima, altura libre, pié de poste vano a vano, parábola mínima,
para verificar vanos contiguos

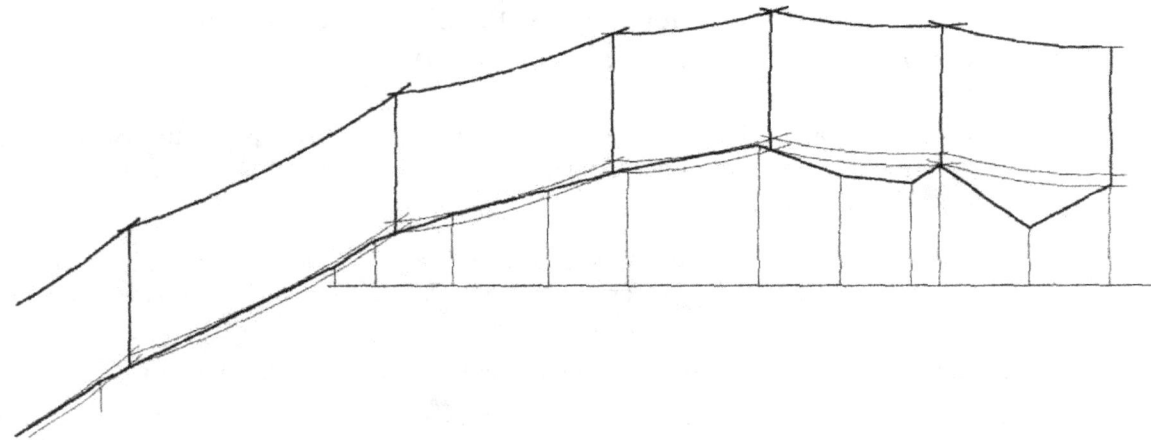

Se trazan las parábolas de flecha máxima, altura libre y pié de poste verificando que la parábola, altura libre, quede por encima o a lo sumo tangente al perfil del terreno, la intersección de la parábola de pié de poste con el perfil del terreno determinan la ubicación de los apoyos.

El objeto de la parábola mínima es verificar si existen apoyos que se verán sometidos a esfuerzos verticales que tenderán a comprometer la aislación o a arrancar el poste.

La parábola mínima debe ser construida para un vano superior a la suma de dos vanos contiguos (vano doble mínimo) y se utiliza una vez distribuidos los apoyos. El trabajo se simplifica operando de la siguiente forma:

    a) con la plantilla de parábola máxima, altura libre y pié de poste se distribuyen los apoyos.

    b) la plantilla de parábola mínima se superpone sobre la de pié de postes dibujada observándose que:

I) a parábola mínima queda por debajo del pié del apoyo, no hay problema.

II) a parábola mínima queda apoyada en el pié, no hay tiro vertical.

III) a parábola mínima queda por encima del pié, habrá tiro vertical y hay que solucionarlo.

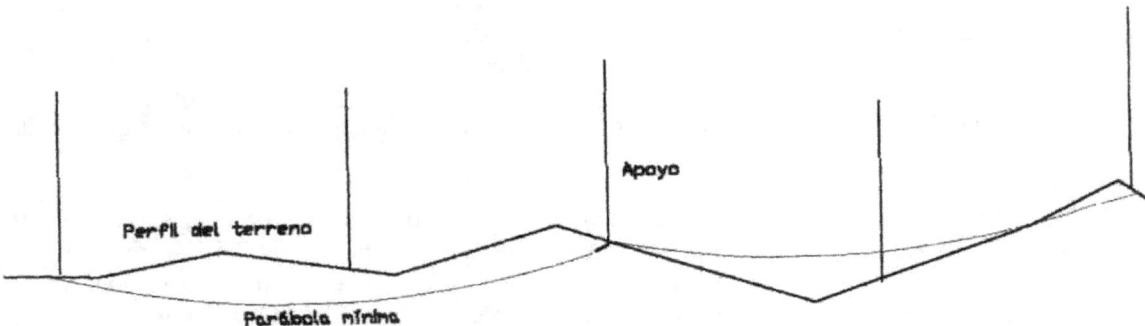

La corrección del efecto del tiro vertical se logra mediante tres soluciones típicas:

    a) se alarga el poste, lo que significa variar el tipo de apoyo.

    b) se arma aislación de retención (siempre que no exista gran tiro vertical)

    c) se colocan contrapesos para equilibrar el tiro vertical.

Dimensionamiento geométrico, verificación de estructuras y fundaciones (alineación, retención, desvío, cruce, terminal, SET, etc.)

Terminado el trabajo de distribución de soportes sobre el relevamiento planialtimétrico, se procede a agrupar y clasificar las estructuras por la función que cumplen en el sostenimiento de la línea, que para media tensión son fundamentalmente:

Apoyo: Conjunto formado por postes, crucetas, ménsulas, vínculos estructurales y accesorios o estructura reticulada que soporta a los conductores (no incluye aislación, fundación y circuitos de puesta a tierra no incorporados.

Alineación: es el apoyo que soporta los conductores en los tramos rectos de la línea.

Desvío: es el apoyo que sostiene a los conductores en los puntos en que la línea cambia de dirección.

Retención: Es el apoyo que constituye un refuerzo en distintos puntos de la línea, es el encargado de 'frenar " la propagación de un problema mecánico (caída de la línea, corte de conductores, etc.)

Cruce: es el apoyo que se coloca a ambos lados de un vano que salva un obstáculo (ruta, línea telefónica, ferrocarril, etc.)

Terminal: es el punto inicial o final de la línea.

Combinado: puede ser sumatoria de funciones (desvío y retención, etc.)

Además se los puede dividir en rurales y urbanos.

La aislación que sostiene los conductores y que se vincula con el apoyo puede ser rígida o suspendida según que esté sometida a compresión o tracción.

Esta clasificación es solo enunciativa, para mayor detalle consultar las normas respectivas con vigencia en la zona en donde se desarrollará el proyecto.

La geometría de la línea para el caso de alineación la estudiamos antes de plantear el tema de vano económico. Respetando la geometría de los conductores debemos ahora diseñar o armar cada tipo de estructura o apoyo resultante de la distribución de soportes, croquizarla, adoptar y verificar los elementos estructurales, herrajes, aislación y fundación.

La verificación de cada estructura en particular debe cumplimentar las exigencias que fija la norma para cada caso.

En nuestro caso en particular, dentro del ámbito de la Provincia de Córdoba, a julio de 1999 tiene plena vigencia el Pliego General de Especificaciones de la EPEC, especialmente su ET 1002 donde en su apartado 3 fija las condiciones para proyecto y cálculo, especifica las tensiones nominales, nivel de aislación, caídas de tensión admisibles, trazado, ubicación de retenciones, transposiciones, coeficientes de seguridad, tensiones mecánicas admisibles, hipótesis de cálculo (climáticas) , esfuerzos y otras solicitaciones a la que estarán sujetos los apoyos, alturas libres, distancias mínimas, ubicación de los apoyos, circuitos de puesta a tierra y otras especificaciones que debe respetar el proyecto.

Como dato orientativo, podemos decir para nuestra región que lo más utilizado es:

Conductores: aleación de aluminio.

Aislación: rígida par 13,2 kV y suspendida para 33 kV

Postes y crucetas: hormigón para líneas urbanas y madera para rurales , también en este último caso pude usarse apoyos de alineación en madera y especiales en hormigón.

Fundación: para postes de madera, directamente enterrados y para hormigón fundados en bloques de hormigón verificados por Sulsberger.

En algunos casos, para una mejor interpretación de quién debe adquirir los elementos constitutivos de la línea se suele agregar el "estado de cargas "de las estructuras.

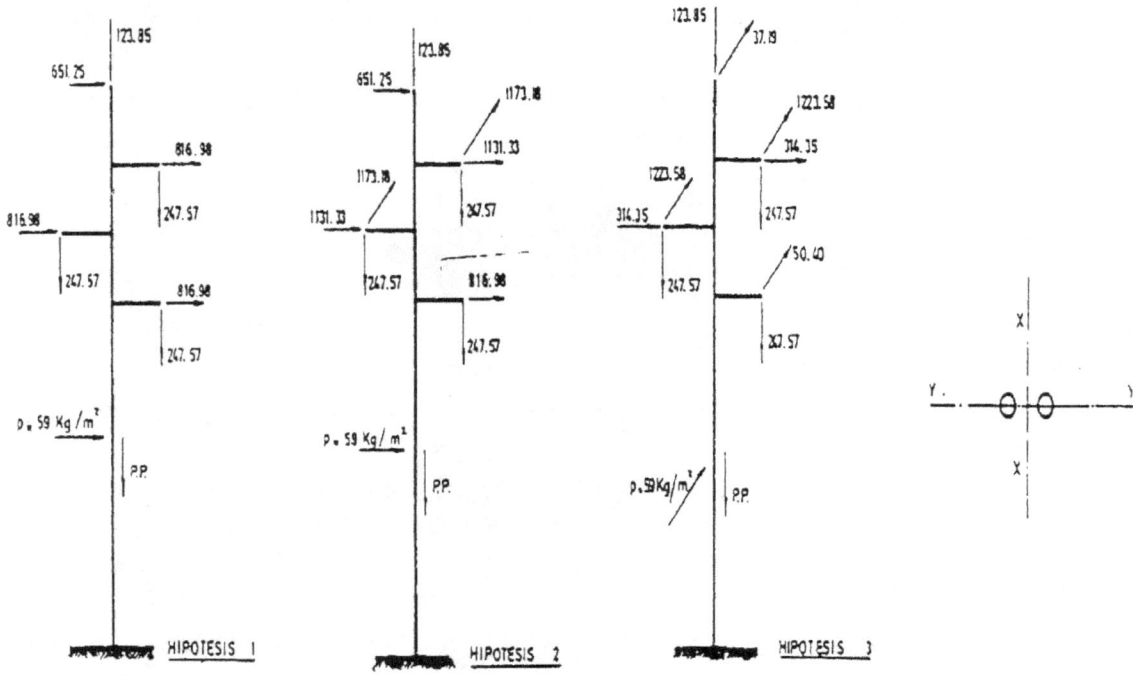

Planos generales y de detalle:

El o los planos generales consisten en:

a) Plano de ubicación geográfica de la obra proyectada, con referencias claras a efectos de poder ubicarla en el terreno y la región, con solo el plano se debe poder llegar al lugar de emplazamiento de la misma, sin tener que hacerse dar una hoja de ruta preguntar a cuanta persona se nos cruza en el camino.

Planialtimetría: es el documento fundamental de la obra, ejecutado según el modelo que figura en pautas... ajustado por supuesto a las especificaciones vigentes en el lugar de realización del proyecto.

b) Brinda toda la información que necesita el Jefe de Obra en el terreno, vinculación con los puntos de la línea con el terreno, tipo de terreno, propietario, accidentes, zona de cultivos, dimensiones de las fundaciones, tipo de poste y accesorios, tipo de aislación, etc. con un rótulo con especificaciones de que tramo comprende, desde a donde, con un resumen de estructuras del tramo, con un croquis de ubicación del tramo dentro de la obra, etc. etc.

Los planos de detalle hacen la misma función pero con cada tipo constructivo que interviene en la obra, detalle y ubicación de materiales, dimensiones generales y particulares, listado de componentes y sus cantidades, un buen plano es el que " habla".

A continuación, a modo de ejemplo se agregan algunos planos de detalles, al solo efecto ilustrativo.

(Corresponden al Proyecto de Línea de 66 kV entre San Ignacio y Santa Rosa de Calamuchita, la diferencia grosera entre los tipos constructivos de líneas de 33 y 66 kV estriba en las dimensiones por la diferencia de vano, distancias eléctricas y la adopción de protecciones para las cadenas de aisladores y elementos antivibratorios)

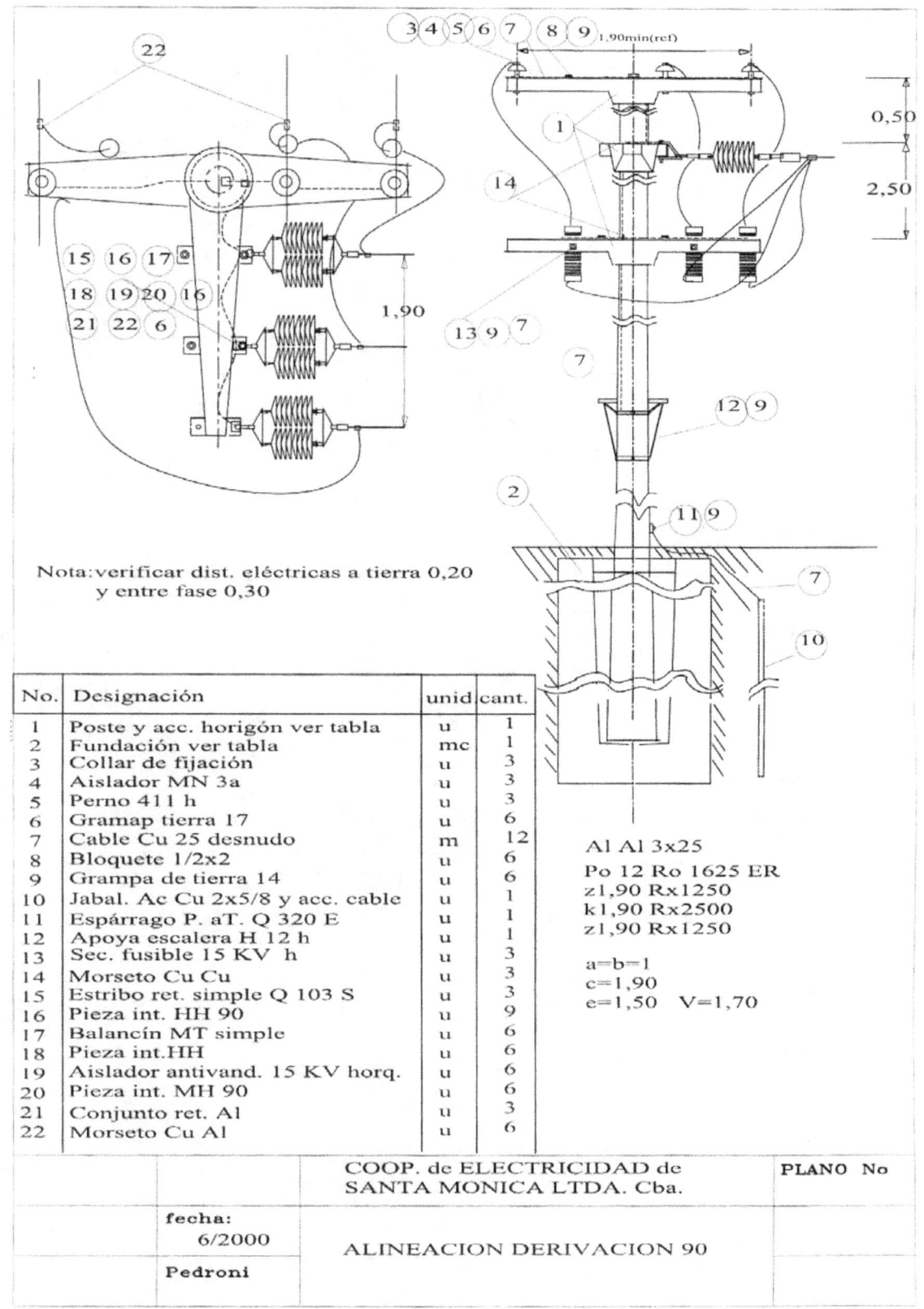

Nota: verificar dist. eléctricas a tierra 0,20
y entre fase 0,30

Al Al 3x25

Po 12 Ro 1625 ER
z1,90 Rx1250
k1,90 Rx2500
z1,90 Rx1250

a=b=1
c=1,90
e=1,50   V=1,70

No.	Designación	unid	cant.
1	Poste y acc. horigón ver tabla	u	1
2	Fundación ver tabla	mc	1
3	Collar de fijación	u	3
4	Aislador MN 3a	u	3
5	Perno 411 h	u	3
6	Gramap tierra 17	u	6
7	Cable Cu 25 desnudo	m	12
8	Bloquete 1/2x2	u	6
9	Grampa de tierra 14	u	6
10	Jabal. Ac Cu 2x5/8 y acc. cable	u	1
11	Espárrago P. aT. Q 320 E	u	1
12	Apoya escalera H 12 h	u	1
13	Sec. fusible 15 KV h	u	3
14	Morseto Cu Cu	u	3
15	Estribo ret. simple Q 103 S	u	3
16	Pieza int. HH 90	u	9
17	Balancín MT simple	u	6
18	Pieza int.HH	u	6
19	Aislador antivand. 15 KV horq.	u	6
20	Pieza int. MH 90	u	6
21	Conjunto ret. Al	u	3
22	Morseto Cu Al	u	6

COOP. de ELECTRICIDAD de SANTA MONICA LTDA. Cba.	PLANO No
fecha: 6/2000	ALINEACION DERIVACION 90
Pedroni	

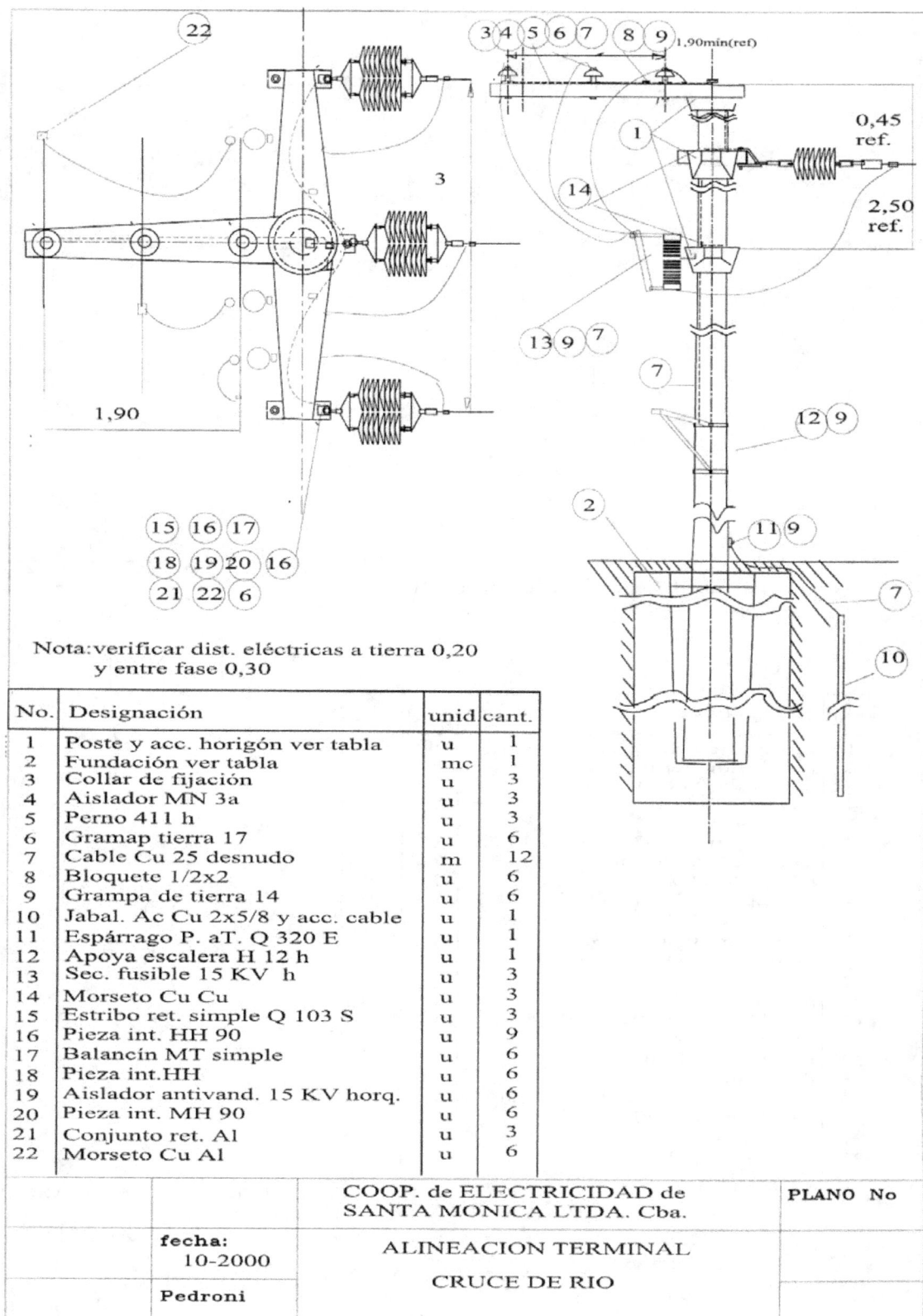

Nota: verificar dist. eléctricas a tierra 0,20
y entre fase 0,30

No.	Designación	unid.	cant.
1	Poste y acc. horigón ver tabla	u	1
2	Fundación ver tabla	mc	1
3	Collar de fijación	u	3
4	Aislador MN 3a	u	3
5	Perno 411 h	u	3
6	Gramap tierra 17	u	6
7	Cable Cu 25 desnudo	m	12
8	Bloquete 1/2x2	u	6
9	Grampa de tierra 14	u	6
10	Jabal. Ac Cu 2x5/8 y acc. cable	u	1
11	Espárrago P. aT. Q 320 E	u	1
12	Apoya escalera H 12 h	u	1
13	Sec. fusible 15 KV h	u	3
14	Morseto Cu Cu	u	3
15	Estribo ret. simple Q 103 S	u	3
16	Pieza int. HH 90	u	9
17	Balancín MT simple	u	6
18	Pieza int. HH	u	6
19	Aislador antivand. 15 KV horq.	u	6
20	Pieza int. MH 90	u	6
21	Conjunto ret. Al	u	3
22	Morseto Cu Al	u	6

		COOP. de ELECTRICIDAD de SANTA MONICA LTDA. Cba.	PLANO No
	fecha: 10-2000	ALINEACION TERMINAL	
	Pedroni	CRUCE DE RIO	

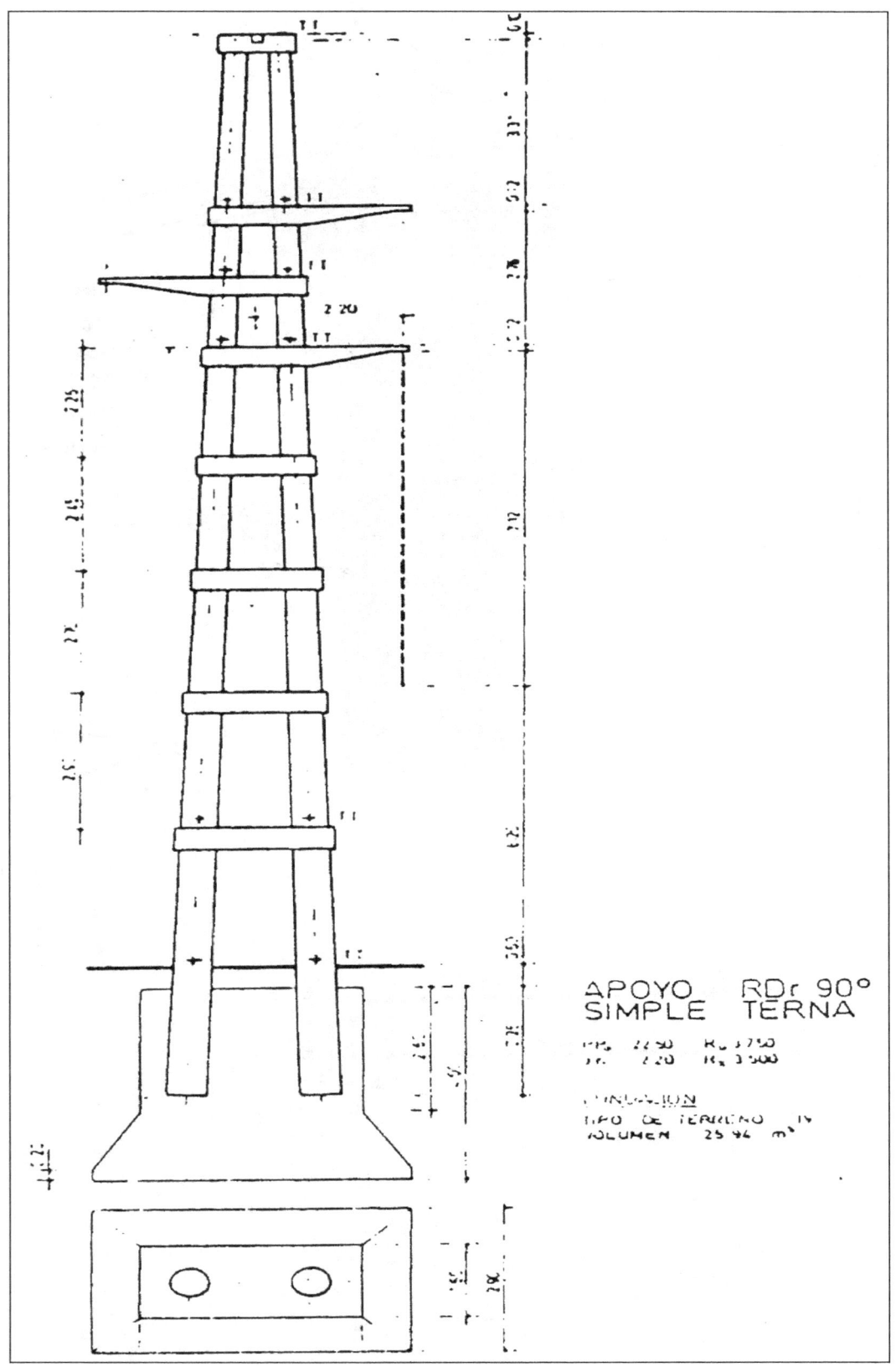

APOYO RDr 90°
SIMPLE TERNA

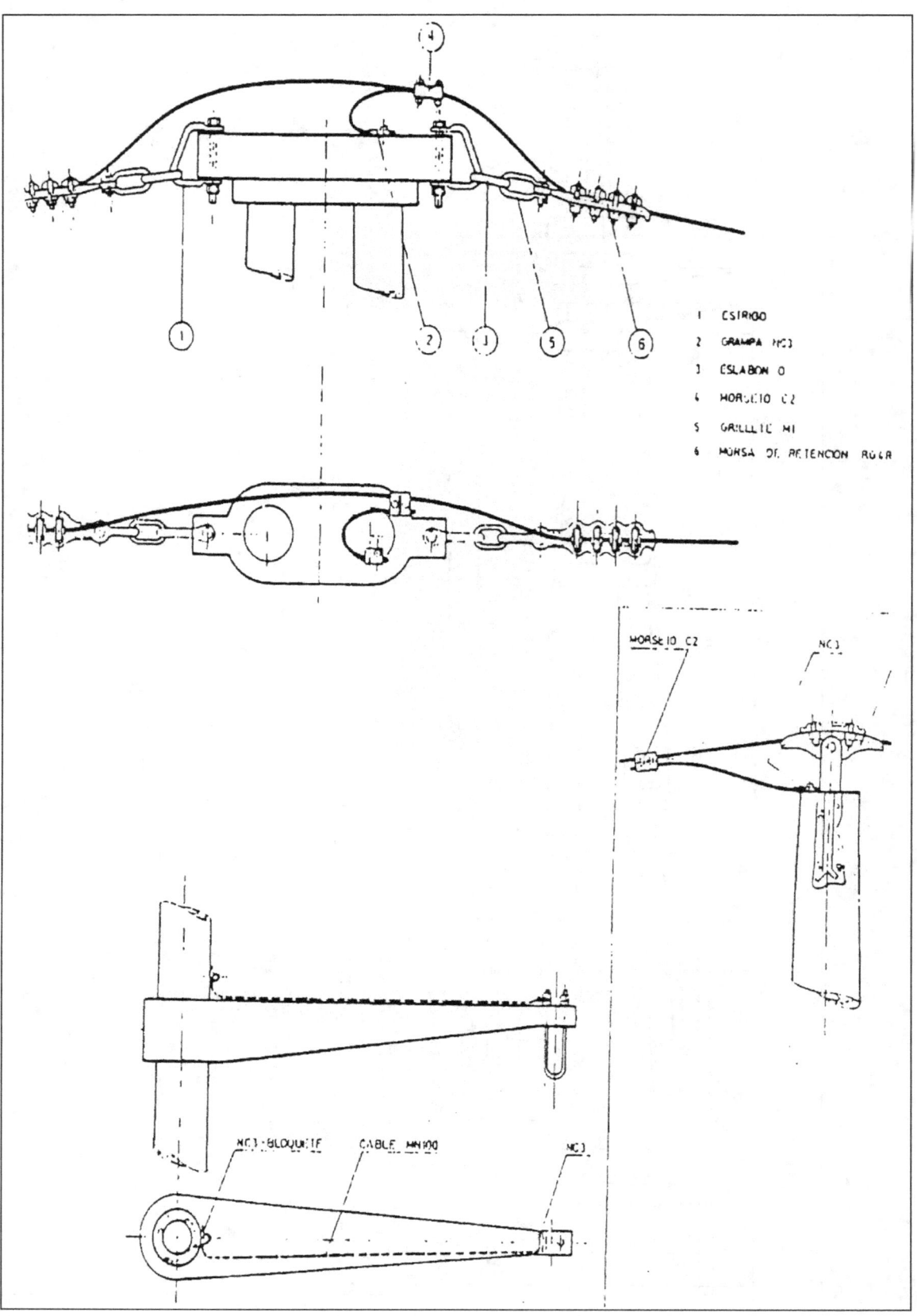

1   ESTRIBO

2   GRAMPA Nº3

3   ESLABON O

4   HORQUETA C2

5   GRILLETE M1

6   MORSA DE RETENCION RUGR

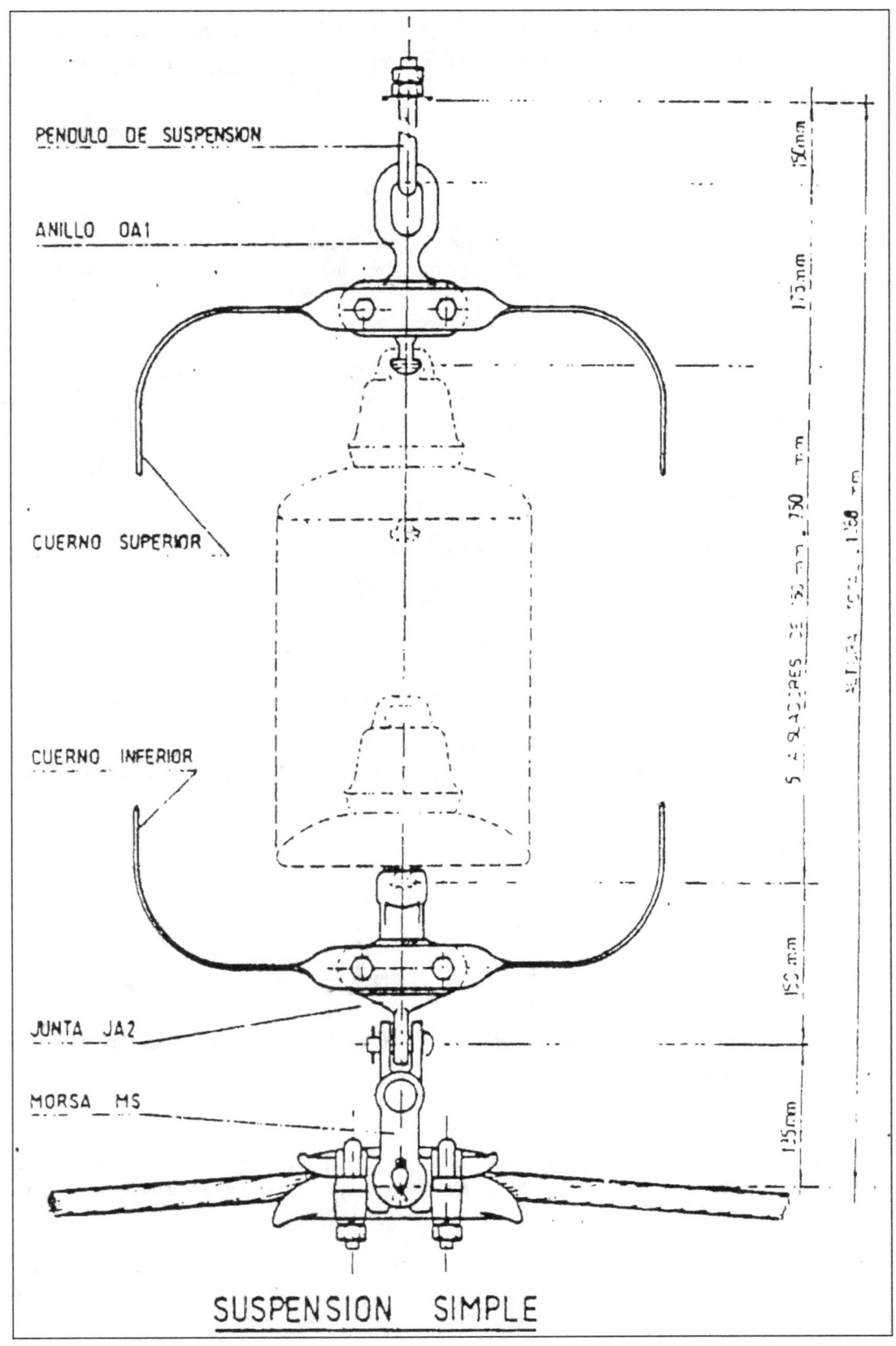

SUSPENSION SIMPLE

VIBRACIONES (INTRODUCCIÓN), ANÁLISIS GLOBAL DEL PROBLEMA, REGISTRADORES, ELEMENTOS ANTIVIBRADORES, CRITERIOS DE SELECCIÓN Y MONTAJE.

Introducción

Cuando nos enseñan a efectuar cálculos mecánicos de las líneas aéreas de transmisión de energía eléctrica, los mismos se basan en causas estadísticas o asimiladas a estáticas; en este trabajo se pretende despertar en el lector el interés por el estudio de los fenómenos dinámicos protagonizados por el viento sobre los conductores, el cual va más allá de la inclinación de la catenaria y el cálculo del coeficiente de sobrecarga.

Para aquellos que se interesan en el tema y deseen profundizarlo, se encontrarán con una bibliografía que abarcará desde el análisis práctico del tema hasta el estudio de los modelos matemáticos y reproducciones en laboratorio de las condiciones reales.

Se recomienda por lo tanto, entre otros:

- Mecánica de las vibraciones – J.P. Den Hartos

- Vibraciones en conductores de líneas de transmisión aéreas – O.D. Zeetterholm

- Overhead conductor vibration – Aluminium company of America (ALCOA)

- Vibration des conducteurs de lignes aeriennes et y proteccion contre celle-ci en URSS – A.J. Liberman, K.P. Krukov

- Aplicación de los amortiguadores stockbridge ALCAN para control de vibraciones eólicas en líneas aéreas – ALCAN SALES INC.

- Consideración sulle vibrazioni dei conduttori di grande diámetro – G. Polli

- Estudios varios realizados por los contratistas de obras de líneas aéreas para EPEC, Agua y Energía y otras empresas eléctricas del país.

- Vibrazioni dei conduttori – R. Claren; G. Diana

Acción del viento sobre conductores aéreos de conducción de energía y de protección (Hilo de guardia)

Las líneas aéreas de transmisión de energía eléctrica están constituidas por diferentes elementos (conductores de transmisión y protección, morsetería, aisladores, apoyos, etc.) con diferentes características mecánicas individuales y de conjunto, que bajo ciertas condiciones ambientes pueden oscilar o vibrar.

Los elementos más sensibles a la acción del viento son los conductores, pudiéndose presentar los siguientes casos:

Balanceo: Es el movimiento simple del vano por acción del viento normal a la línea; el conductor contenido en un plano oscila sobre un eje que pasa por la articulación de la morsa.

Galopeo: Se manifiesta por oscilaciones de ondas largas y baja frecuencia, contenida en una elipse ligeramente inclinadas, este fenómeno aparece cuando el conductor altera su perfil circular, por ejemplo con formación de hielo, apareciendo su irregularidad aerodinámica.

Vibración eólica: El conductor vibra en forma sostenida, similarmente a una cuerda bajo tensión.

De los efectos enunciados, el más preocupante es el de las vibraciones eólicas, ya que el mismo, con el correr del tiempo puede producir efectos de fatiga en el material y su posterior corte.

VIBRACIONES EÓLICAS; CAUSAS, EFECTOS Y SOLUCIONES

Las vibraciones eólicas en los conductores se presentan en forma de ondas verticales, en forma sostenida o por pulsaciones.

Al accionar el viento en forma normal a la línea, produce a sotavento de la misma una turbulencia, consistente en remolinos que tiene distintos sentidos, según sean producidos por la vena fluida superior o inferior con respecto al conductor afectado.

Los remolinos así originados reciben el nombre de vórtices de Karman.

En las condiciones descriptas, aparecen fuerzas verticales que generan ondas migratorias que van ganando amplitud, llegando a las morsas de fijación, donde puede reflejarse, pasar al vano siguiente o una situación intermedia que dependerá de la situación instantánea en la morsa; generando en todos los casos nuevas perturbaciones que realimentan el fenómeno.

Los vientos con velocidades bajas no imparten suficiente energía, a los conductores como para que las vibraciones sean de temer si se producen; los vientos de alta velocidad y tempestuoso se caracterizan por su velocidad variable, por lo que las vibraciones a cualquier frecuencia no se sostiene suficiente tiempo para considerarlas de peligro. En cambio, los vientos de velocidad constante (flujo laminar estacionario) producen la alteración que mantiene la frecuencia de la vibración, haciendo que la amplitud crezca hasta que la disipación de energía del conductor iguale a la que suministra el viento.

Las ondas así formadas, son muy cortas en comparación con el vano; por lo tanto siempre pueden considerarse como un submúltiplo del mismo. Se desprende que habrá una amplia gama de frecuencias, cercanas al valor de resonancia, o algunas de sus armónicas, que será próxima a la frecuencia producida por el desprendimiento de los vórtices de Karman, con los consecuentes efectos dañinos sobre los conductores.

Existen diversos factores que influyen sobre las vibraciones características propias del conductor, que le permite disipar energía (diámetro, conformación, ajuste, etc.), por ejemplo a mayor ajuste entre los alambres del conductor es mayor la respuesta al fenómeno de la vibración.

El tipo de apoyo también tiene su influencia en el conjunto, las estructuras de acero (torres) tienden a complementar las vibraciones, mientras que la madera tiende a absorberlas.

La altura libre del conductor influye, ya que a mayor altura, el viento corre más libre de turbulencias y perturbaciones facilitando el fenómeno.

Al aumentar la tensión del tendido, aumenta la predisposición del conductor a vibrar, por lo tanto debe estudiarse el comportamiento de viento en temporada invernal.

Los conductores utilizados son en su mayoría cables homogéneos o con alma de acero, por lo tanto, a distancia suficiente de la fijación el conductor se comporta como cable propiamente dicho, pero en la zona de fijaciones existe un comportamiento extremo con viga empotrada. (Figuras 1-2).

La fijación del conductor debe efectuarse a través de una morsa que:

- Permita adoptar las distintas elásticas que impongan las condiciones ambientes de temperatura y sobrecarga.

- No introduzca puntos de tensión adicional al conductor.

En la fig. 3; en situación de reposo y bajo la acción de vibraciones, las tensiones actuantes son:

\# - A la derecha de la sección S-S.

- σ_1; tensión estática de tracción debido al tiro del conductor.

- σ_3; tensión dinámica de tracción, alternada debido al efecto de vibraciones pasa de cero a máx. valor, produciendo un alargamiento extra del conductor como consecuencia del aumento de tiro.

\# - A la izquierda de la sección S-S se suma

- σ_2; tensión por flexión a la entrada de las morsas, radio r.

- σ_4; tensión dinámica alternada debido a la variación de la curvatura a la entrada de la morsa.

- σ_5; tensión estática debido al ajuste de la morsa, de bajo valor ya para un cierto tiro el conductor debe correr por la morsa.

Las tensiones actuantes se esquematizan en la fig. 4.

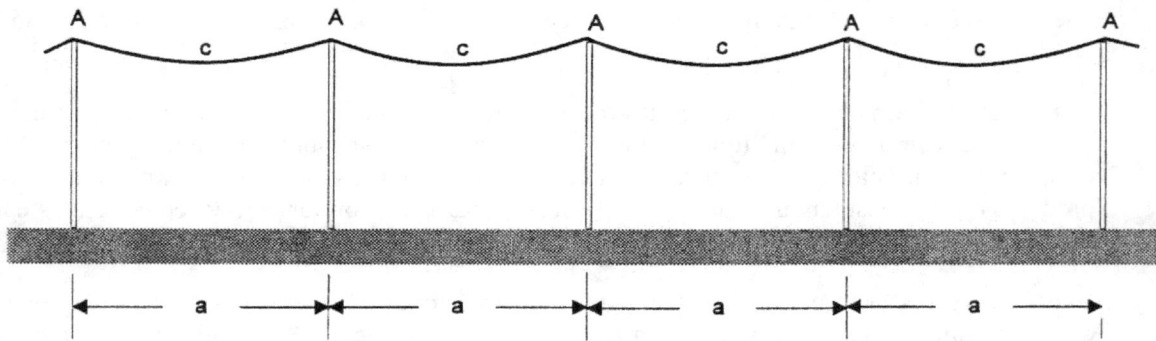

Figura 1. Conductor sostenido en varios puntos.

a Vano.
c: Catenaria con gran radio de curvatura
A: Punto de suspensión

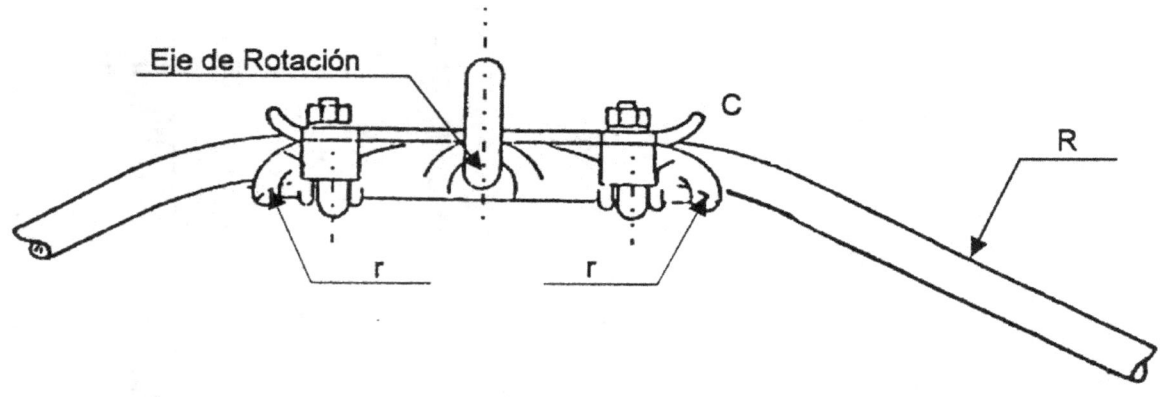

Figura 2: Detalle de la morsa de suspensión – Punto de suspensión

R: radio de la catrenaria
r: radio de curvatura en el amarre
C: zona crítica

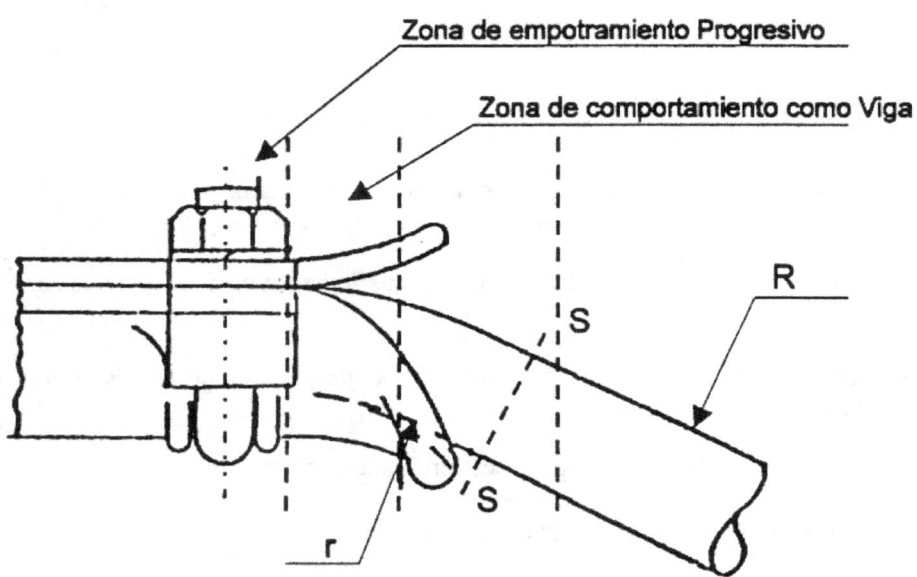

Figura 3: Zona crítica en el punto de suspensión

R: Radio de curvatura catenaria
r: radio de curvatura amarre
S: sección de inflexión

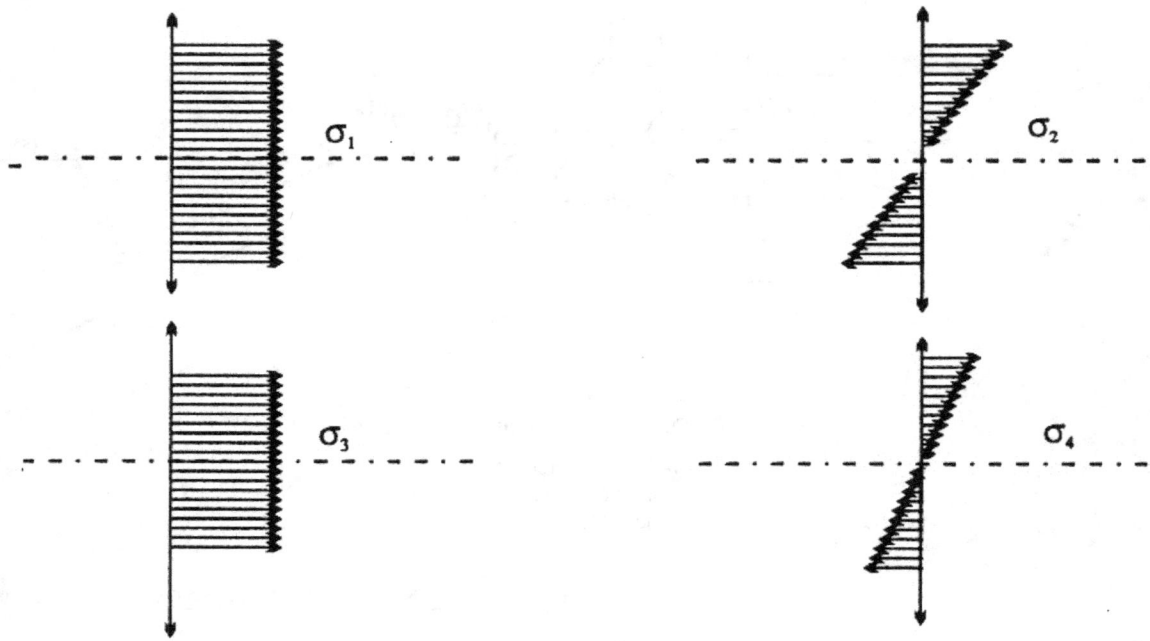

Figura 4: Tensiones actuantes

Las tensiones actuantes se ven además modificadas por la formación de los cables, el grado de deslizamiento de los alambres, heterogeneidad, protecciones pasivas y sus ajustes, etc.

Las tensiones σ_1 y σ_2 varían muy lentamente ya que lo hacen en función de las condiciones climáticas.

Las tensiones σ_3 y σ_4 lo hacen a la frecuencia de la vibración, pudiendo llegar a producir rotura por fatiga en la zona crítica de fijación (morsa).

Las posibilidades de rotura por fatiga dependen fundamentalmente de:

- Tensión estática media (fijada por normas).

- Tensión alternada (dependerá de la amplitud y frecuencia de la vibración).

El límite de fatiga del material, es la tensión máxima que no produce fatiga, es decir que no produce rotura durante la vida útil considerada.

En el caso de cables de acero cubiertos con aluminio (aluminio con alma de acero) la rotura puede ocurrir en la capa de aluminio, o sea en el sector destinado a conducción eléctrica sin daños en el sector de resistencia mecánica o sea el alma.

Ya sea por corte franco del cable o interrupción de la continuidad eléctrica, se producen inestabilidades y discontinuidades en el servicio eléctrico, lo cual debe evitarse o disminuirse al máximo.

Para disminuir a límites aceptables el efecto de las vibraciones sobre los conductores, se recurre a:

- Precauciones en el proyecto: Las normas en general fijan la tensión máxima para la hipótesis de temperatura media anual.

- Precauciones de diseño: Se recurre a morsas de tipo oscilante con las siguientes condiciones:

  1) Permiten la formación de nodo vibrante, mediante una articulación a eje horizontal transversal (se anula cuando los vanos consecutivos vibran en oposición de fase).

  2) Peso reducido y bajo momento de inercia, para seguir los movimientos del conductor.

  3) Tener bocas amplias para reducir el martilleo.

- Elementos pasivos: Consisten en refuerzos progresivos o no, en la zona de fijación, mediante cintas, varillas, etc. que otorgan protección progresiva hacia el punto de amarre sin introducir nuevos puntos críticos.

- Elementos activos: Son elementos formados en base a contrapesos que amortiguan el paso de la onda vibrante hacia el punto de fijación, disipando la energía de la misma. Su uso se determina aproximadamente en forma teórica y luego se ajusta "in situ" mediante el estudio experimental en vanos de muestra de la línea a proteger.

- Precauciones de mantenimiento: Durante la vida útil de la línea debe vigilarse:

  1) Que los elementos protectores activos o pasivos no se deterioren ni se desplacen sobre el conductor.

  2) Periódicamente debe actualizarse el estudio de vibraciones ya que con el tiempo el conductor se "ajusta" cambiando sus características vibrantes, además el cable de acero de los amortiguadores sufre los efectos de la fatiga.

Descripción de algunos tipos de elementos amortiguadores

Diversas entidades en el mundo se han ocupado del tema vibraciones, desarrollando cada uno sus prototipos, los cuales se han ido confeccionando con la experiencia práctica, las distintas situaciones de utilización, etc.

A continuación haremos una breve descripción de algunos elementos, sobre todo de los utilizados en nuestro país.

Los elementos pueden ser entonces:

- Internos al conductor

- Externos al conductor, estáticos y dinámicos

Internos al conductor:

Pruebas efectuadas demuestran que la sección circular formada por los alambres de sección circular es la más propensa a vibrar, se han efectuado pruebas con secciones varias de las cuales la que mejores resultados ofrece es la triangular, pero presentan el inconveniente de ser muy cara, almacenar más hielo, favorecer el galopeo y presentar inconvenientes de efecto corona.

También se efectuaron pruebas con secciones circulares formadas con alambres no circulares como se muestra en la figura 5, mejorándose el comportamiento frente al efecto de las vibraciones, pero su costo de fabricación es elevado.

Externos al conductor:

Elementos pasivos: En la fig. 6 se muestra el armado de varillas de tipo cónico, produce un aumento gradual de la sección, las varillas deben ser terminadas por mecanizado individual (extremos cónicos) son de uso normal en EPEC.

Una alternativa más económica y que produce un cambio de sección fuera de la zona crítica es el refuerzo pre-formado de la fig. 7, de menor costo que el anterior y facilidad de montaje; es usado por la mayoría de las empresas eléctricas de nuestro país.

En las figs. 8, 9 y 10 se observaron otros tipos que combinan varillas rectas con refuerzos encintados.

En las figs. 13 y 14 se observan refuerzos ejecutados con el mismo conductor o conductores de similares características al de la línea pero de mayor diámetro.

Elementos activos: En la fig. 11 se muestra el Stockbridge, usado por EPEC y las otras empresas eléctricas de nuestro país, consiste en una grampa de fijación que vincula al conductor con un cable de acero que lleva contrapesos en sus extremos, los hay de varios tipos.

En la fig. 12 se aprecia el tipo Elgra, consiste en una grampa que sostiene una varilla articulada sobre la cual se sostienen los contrapesos anulares con arandelas de fricción de caucho.

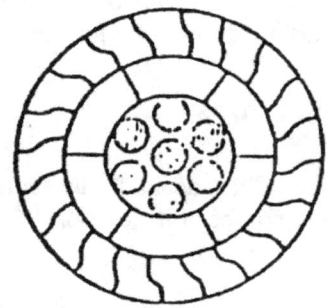

Figura 5. Conductor segmental de Hélice bloqueada

Figura 6. Refuerzo armado cónico

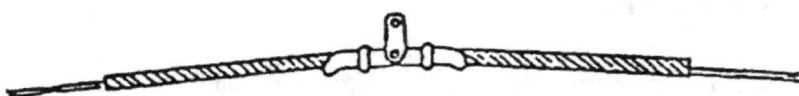

Figura 7. Refuerzo armado preformado

102

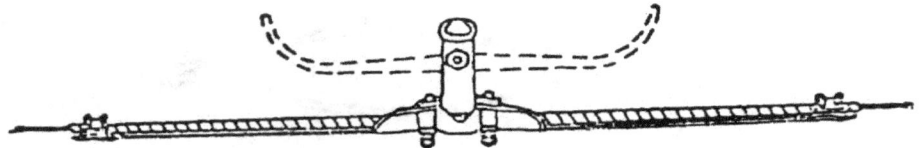

Figura 8. Refuerzo a resorte de cinta

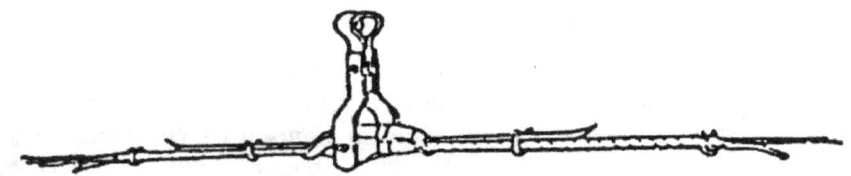

Figura 9. Refuerzo a resorte de cinta

Figura 10. Amortiguador tipo bate

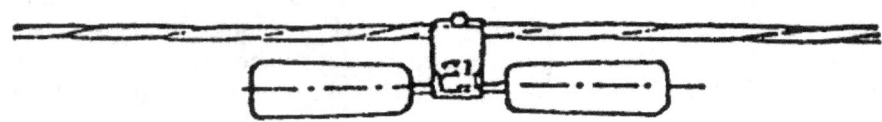

Figura 11. Amortiguador Stockbridge

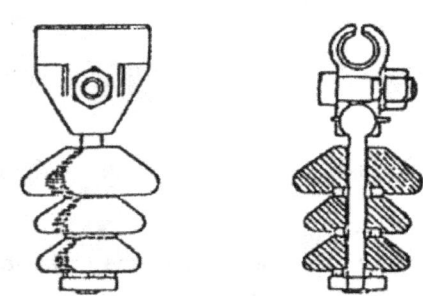

Figura 12. Anmortiguador Elgra

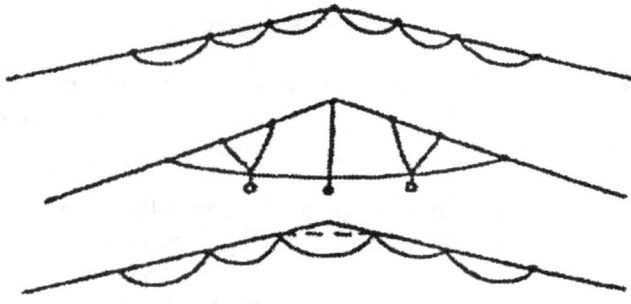

Figura 13. Tipos de festones

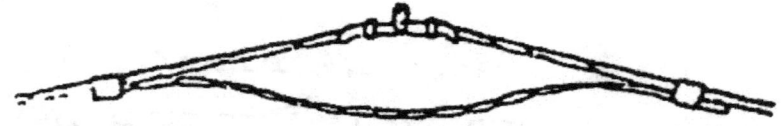

Figura 14. "Bretelles"

REGISTRADORES DE VIBRACIONES

Siendo tan complejo el espectro de variables que influyen en la respuesta a las vibraciones de una línea aérea eléctrica, interesa sobre manera estudiar y ajustar los resultados "in situ", a tal fin se ha desarrollado diversos aparatos registradores de vibraciones para uso en obra o campana.

Describiremos aquellos de uso más frecuente en nuestro medio:

- Registrador Zenith
- Registrador Hydro Notario
- Registrador HILDA (High Line Data Acquisition)

Registrador Zenith: Es el más antiguo, sencillo y de resultados prácticos y directos; funciona en base a una masa inercial con un grado de libertad y cuya amplitud se registra en un disco de papel. La relación entre la amplitud del registro y la real del conductor es de 5 a 1; el graficador tiene entre topes un espacio de 3 mm. El disco de papel gira movido por un mecanismo de relojería. El aparato se fija sobre el conductor a través de una grampa.

Registrador Hydro Ontario: Es un aparato moderno, que responde a las indicaciones de la IEEE N° 65 – 156 Normalización para medida de vibraciones en conductores.

El aparato registra: frecuencias de vibración, amplitud de la flexión, identifica vibraciones y galopeos.

Se fija bajo la morsa de suspensión con un sensor que mide el desplazamiento vertical del cable a 3,5 de la boca de la grampa.

El movimiento es amplificado y registrado sobre una cinta de acetato que corre una pulgada cada 15 minutos, haciendo 1.344 registros en 14 días.

Los resultados obtenidos, a través de la proporcionalidad entre la deformación dinámica por flexión y la amplitud de la flexión de los alambres que forman el cable. En base a la relación entre curvatura y momentos actuantes que determinan los esfuerzos.

Para un conductor en vibración, no se puede determinar la curva de deflexión por una simple medida de deflexión a distancia arbitraria, las ondas varían constantemente con la frecuencia y hacen imposible determinar su longitud.

Midiendo la frecuencia y amplitud de un punto, se puede llegar con cierta aproximación a la longitud de onda (es impreciso por el grado de fijación del conductor).

Bajo estas condiciones, el sensor se coloca en el punto que por experiencia se conoce como el más crítico, es decir la adyacencia de la boca de la morsa.

El registrador HO mide la amplitud relativa entre morsa y cable, provee un gráfico de amplitud y frecuencia que permite en función de ábacos determinar las condiciones de seguridad.

Registrador HILDA: Se basa en un sistema telemétrico, transmisor y receptor que graba los resultados en una cinta magnética. Tiene varias alternativas de funcionamiento. Consta de una unidad de línea que se acopla a la morsa y un receptor que recibe la señal.

RECOMENDACIONES PARA LA EJECUCIÓN DE UN ESTUDIO DE VIBRACIONES Y ADOPCIÓN DE SISTEMAS DE AMORTIGUAMIENTO

Debido a la gran diversidad de factores que influyen en la respuesta de los conductores a la acción del viento y la aparición de vibraciones eólicas, siempre es recomendable efectuar un estudio "in situ" en un tramo representativo de la línea a proteger.

Las empresas prestatarias del servicio en nuestro país exigen por lo general en sus pliegos de contratación de obras, ejecutar los estudios de vibraciones antes de la recepción de las obras.

Un esquema tentativo de trabajo puede ser el siguiente:

- Recopilar antecedentes de condiciones climáticas anuales en la zona de obra.
- Verificar las condiciones de cálculo y de montaje de los conductores.
- Determinar en forma teórica las condiciones críticas de los conductores.
- Relacionar las condiciones críticas de los conductores con los antecedentes climáticos recopilados.
- Determinar teóricamente la ubicación de los antivibradores o amortiguadores.
- Planificar el esquema operativo, tablas de registros, instrucciones, etc.
- Verificación y ajuste "in situ".
- Conclusiones y recomendaciones.

Recopilación de antecedentes de condiciones climáticas anuales de la zona de obra.

Los organismos públicos como el Servicio Meteorológico Nacional, Direc. de Agricultura, Hidráulica, Agua y Energía, entre otros y los privados como aero clubes entre otros recopilan gran cantidad de datos de interés para conocer la frecuencia de vientos moderados, dirección, temperatura ambiente en esos momentos críticos.

Verificación de las condiciones de cálculo y montaje de los conductores.

Lo correcto sería conocida la traza de la línea a construir, efectuar el estudio teórico de vibraciones como parte integrante del proyecto, a efectos de tomar algunos recaudos antes de definir ciertos componentes como antivibradores estáticos y verificar las condiciones o hipótesis climáticas regionales.

En países de alto desarrollo tecnológico, con dos a direz años antes de proyector una línea (en especial de AT o de MAT) se procede a construir uno o dos vanos tipos, sobre los cuales se estudian los efectos de las vibraciones y las respuestas de los diversos equipos antivibratorios.

Pero en realidad, la morsetería y los antivibradores son elementos comerciales estándar y las condiciones climáticas están fijadas por normas como hipótesis. Por lo tanto nos queda como alternativa verificar en obra que los conductores se encuentren tendidos de acuerdo a la tabla correspondiente.

En el caso particular y más general de una obra de ejecución, se elige un tramo de la línea representativo para ejecutar el estudio; se verifica la tensión de los conductores mediante la ecuación de cambio de estado, midiendo flechas, vanos y temperatura para verificar, también se puede aplicar el método de la onda perturbadora donde se tiene que:

$$\text{Tiro (kg)} = 1,734674326 \text{ x } \frac{p\left(kg/km\right)\alpha^2\left(km\right)}{8,05(cpa)^2}$$

donde:

p : peso unitario del conductor

α : Long. del vano

cpa : Tiempo completo de los viajes de onda medido/n° de viajes completos.

Determinación teórica de las condiciones críticas de los conductores.

En base a los antecedentes climáticos locales, antecedentes teóricos, recomendaciones de los fabricantes de amortiguadores, trabajos similares en líneas semejantes (experiencia) podemos fijar ideas de la respuesta de los conductores ante la acción del viento. Dicho comportamiento deberá verificarse y ajustarse a las recomendaciones para amortiguar sus efectos "in situ" experimentalmente ya que influirán sobre medidas las condiciones locales.

En base a la observación del comportamiento del fenómeno en gran cantidad de casos, investigadores del tema, han elaborado la siguiente expresión empírica, que relaciona la magnitud de la amplitud de la vibración con la frecuencia y el diámetro del conductor, siendo:

$$K_a = \frac{A/0,5\lambda}{A_{max}/0,5\lambda_{max}} = \frac{\alpha}{\alpha_{max}} = 0,0136\left(f.d-120\right)e^{\frac{f.d-120}{200}}$$

K_α : Parámetro adimensional indicador de la amplitud referida a la máxima con respecto al ang. de vibración.

α : ángulo de vibración

λ : long. de onda completa

Lo interesante de la función enunciada es que toma como variable f.d. y permite determinal límites de seguridad o K_{adm} y el $km_{áx}$ según se aprecia en la fig. 12.

Los valores enunciados anteriormente son:

umbral inferior:

$$k_a = 0.15 \quad \text{para} \quad \text{f.d} = 120 \text{ (aprox.)}$$

umbral superior:

$$k_a = 0.15 \quad \text{para} \quad \text{f.d} = 1000 \text{ (aprox.)}$$

umbral máximo:

$$k_a = 1 \qquad \text{para} \qquad \text{f.d} = 300 \text{ (aprox.)}$$

Por lo tanto, conocido el diámetro del conductor, la frecuencia más peligrosa se obtiene de:

$$\text{f.d} = 300 \qquad \text{con lo que} \qquad f = 300/d$$

y de la relación de frecuencia, velocidad del viento, diámetro y N° Stronhal se obtiene:

$$f = Sv/d$$

la expresión de:

$$v = \text{f.d}/S$$

donde, en unidades corrientes, y

$$S = 0.185 \qquad : \qquad f = 51{,}5 \; v/d$$

f : frecuencia en cps

v : velocidad del viento en km/h

d: diámetro en mm

y la relación entre frecuencia y longitud de onda en función de la teoría de la cuerda sometida a tensión será:

$$L = \frac{1}{2f}\left(\frac{T \cdot g}{p}\right)^{1/2} \qquad \text{en donde}$$

L : semilongitud de onda ($1/2\lambda$) en m.

f : frecuencia en ciclos por seg.

T : tiro del conductor en condiciones en estudio.

g : 9,81 m/seg^2

p : peso unitario del conductor en kg/m.

y la longitud de la semionda expresada en función de la velocidad del viento será:

$$L = \frac{d\left(T.g / p\right)^{1/2}}{103v} \quad \text{en donde, aparte de lo ya definido}$$

v : velocidad del viento en km/h

Se observa que la longitud de la semi-onda o bucle es inversamente proporcional a la velocidad del viento, lo que nos sirve para calcular la semi-longitud de onda de la mayor velocidad de viento a tener en cuenta que es de aprox. 24 km/h con lo que la longitud del bucle producido será:

$$L_{24} = 0,0126 \ d \ (T/p)^{1/2}$$

Para que el amortiguador dinámico nunca caiga en un nodo, se recomienda tomar el 80% de la longitud anterior, medida desde la boca de la grampa para su colocación.

Si el conductor cuenta con varillas de protección (elementos estáticos) la onda se acorta un 11%, por lo tanto la nueva distancia será un 90% de la calculada anteriormente.

Si las condiciones exigen más de un amortiguador, la distancia entre ellos deberá ser uyn 80% de la longitud del bucle o semi-onda para que no estén simultáneamente ambos amortiguadores coincidiendo con un nodo.

Relación de las condiciones críticas de los conductores con los antecedentes climáticos recopilados.

Conocida, aunque teóricamente, la respuesta de los conductores a la acción del viento, se podrá planificar mejor la tarea de campaña de verificación, en función de las condiciones climáticas que resulten más adversas.

Determinación teórica de la ubicación de los antivibradores

Utilizando las expresiones ya vistas en los puntos anteriores y afectándolas de los factores de corrección, si corresponde, se determina la ubicación tentativa del o los antivibradores o amortiguadores dinámicos sobre el conductor.

Planificación del esquema operativo, tablas de registros, instrucciones, etc.

En la fig. 13 se observa un esquema operativo clásico para operar con registradores inerciales y en la fig. 14 se muestra una tabla de registro de datos complementarios.

Debe verificarse que el anaerómetro esté situado a la misma altura que los conductores y en zona sin interferencia de árboles, edificios, etc.

Verificación y ajuste "in situ"

En el caso de registradores Zenith, se acepta como correcta una amplitud del registro inferior a los 2mm, se entiende que la amplitud del conductor que la produjo no producirá efectos nocivos para el cable durante su vida útil.

En el caso de trabajarse con otros registradores deberán seguirse las instrucciones pertinentes (ej. El Hydro Notario responde a las instrucciones IEEE).

Conclusiones y recomendaciones

Ajustados los resultados del tramo experimental conviene tomar registros programados en otros puntos de la línea y planificar también la toma durante la vida útil de la misma, a efectos de prevenir deterioros en los amortiguadores por fatiga, cambio en las características del conductor (ajuste de los alambres, pérdidas de lubricación, etc.).

Ejemplo de Cálculo. (ubicación teórica de los amortiguadores)

Estudiemos un conductor de las siguientes características:

Material: Aluminioi Acero   *Tiro a 16° C* = 2.054,52 kg

Sección nominal: 300/50 mm^2 *vano* : 250 m

Sección real: 353,2 mm^2 flecha a 16° C : 4,71838 m

Diámetro ext.: 24,5 mm

Peso unit.: 1240 kg/km

Demás datos: Normas Iram 2187/70

Con los datos citados calcularemos:

frecuencia más peligrosa

$$f = 300/24,5 = 12,24 \text{ cps}$$

velocidad del viento que produce la frecuencia más peligrosa, para todos los casos v = 5,82 km/h

long. de la semi-onda más peligrosa:

$$L = \frac{1}{2x12,24} \, x \left(2054,52x9,81/1,240\right)^{1/2} = 5,20m$$

Longitud de semi-onda mínima (v = 24 km/h)

$$L_{24} = 0,0126 \times 24,5 \times (2054,5/1,240)^{1/2} = 1,25m$$

Ubicación del amortiguador sin varillas de protección

$$L' = 0,8 \times 1,25 = 1,0 \text{ m}$$

Ubicación del amortiguador con varillas de protección

L''=0,9 x 1 = 0,9 m

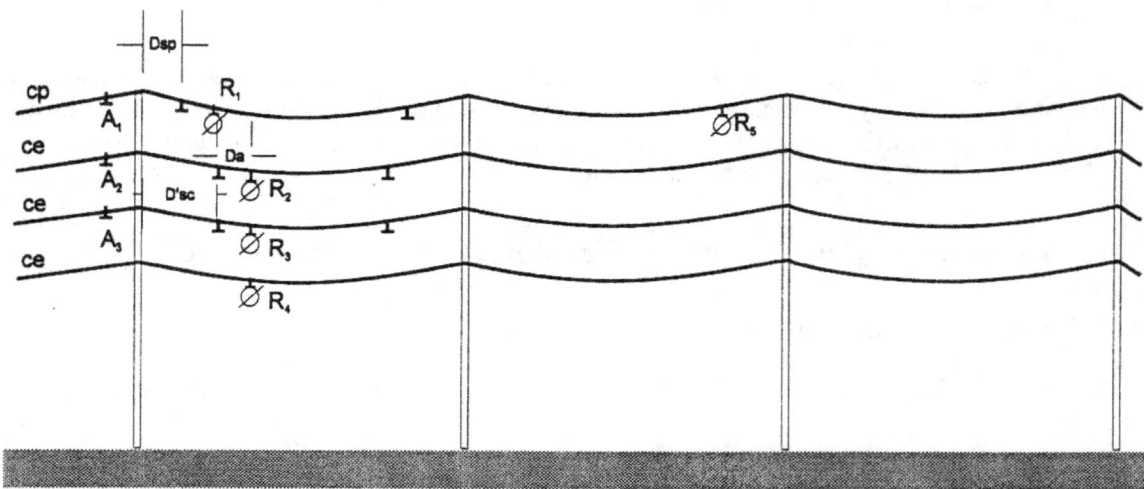

cp : conductor de protección
ce : conductor de energía
A_1 : amortiguador en ensayo sobre cond. de energía
A_2; A_3 : amortiguadores en ensayo sobre cond. de energía
R_1; R_2; R_3 : registradores sobre cond. con amortiguadores
R_4; R_5 : registradores sobre cond. sin amortiguadores
Da : separación entre amortiguador y registrador (mínima posible)
Dsp : distancia del amortiguador a la boca de la morsa distancia entre
amortiguadores si se colocara más de uno. (válido para conductor
de protección).
D'sc : distancia del amortiguador a la boca de la morsa (m).
Dsc : distancia entre amortiguadores si se coloca más de uno (1 m) válido para
conductor de energía

Figura 13. Esquema operativo, ubicación de amortiguadores y registradores.

Fecha	Temperatura				Viento	
	6 Hs	9 Hs	17 Hs	21 Hs	Velocidad	Dirección

Figura 14. Tabla de registros mínimos (modelo).

Nota: En lo posible tomar registros cada hora. Las fechas deberán ser concordantes con los registros de vibraciones efectuadas.

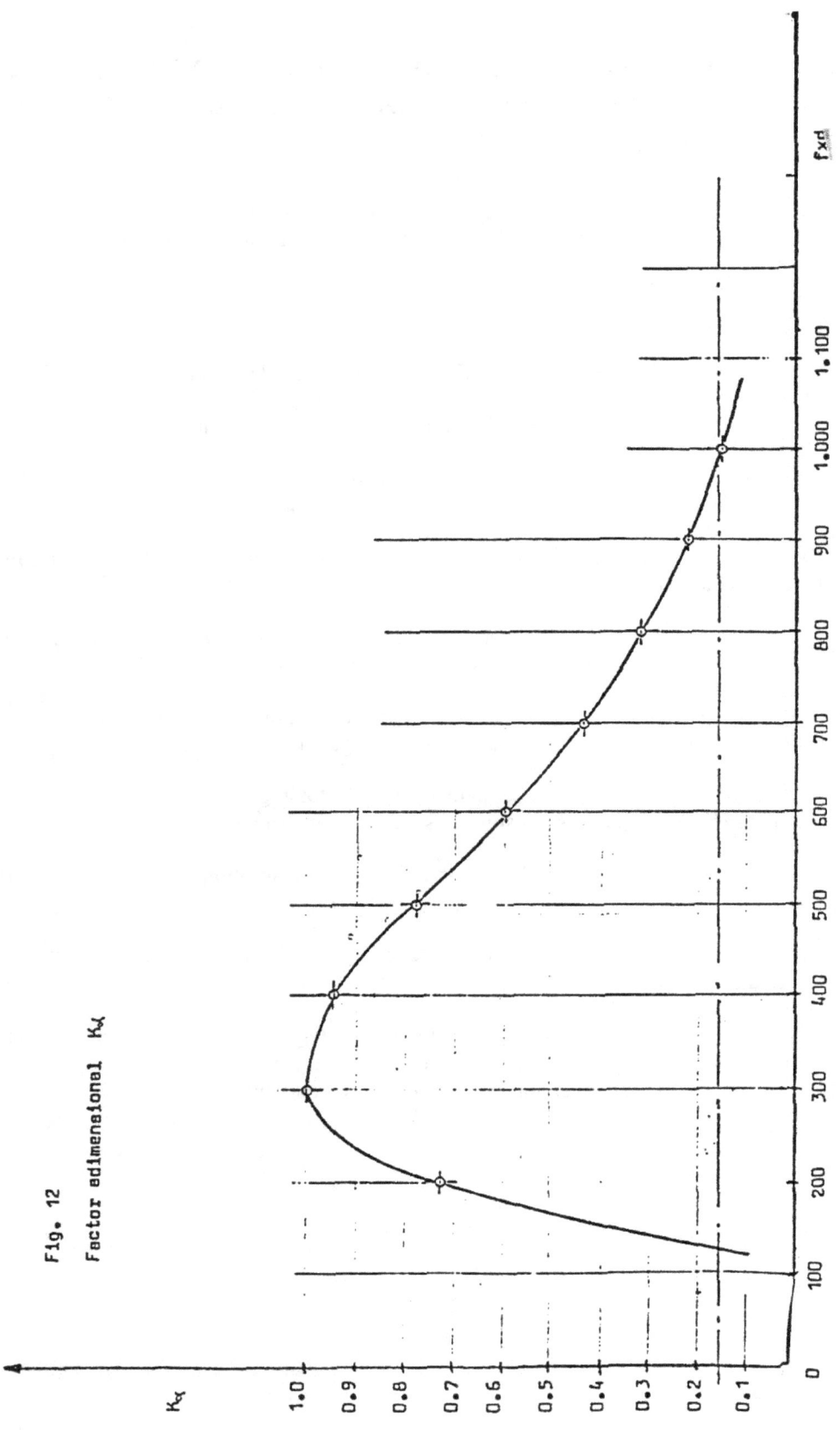

Fig. 12

Factor adimensional K_λ

RECOMENDACIONES PARA LA EJECUCIÓN DE UN ESTUDIO DE VIBRACIONES UTILIZANDO LOS DIAGRAMAS DE FATIGA Y CURVAS DE SOLICITACIONES DINÁMICAS

Si se cuenta con los diagramas apropiados, es posible determinar con cierta exactitud el grado de daño que introducirán las vibraciones en el conductor, durante su vida útil.

Es necesario contar con la siguiente información, en general es difícil de conseguir en nuestro medio:

- Diagrama de fatiga (Goodman-Smith) del material del conductor.

- Diagrama de solicitaciones alternadas en función de amplitud y frecuencia.

- Diagrama de resistencia a la flexión rotativa en función del número de ciclos del material del conductor.

Se debe contar con un registrador que proporcione la amplitud de la deformación relativa al punto de fijación o bien el ángulo de rotación relativo.

Los diagramas enunciados deben ser provistos por el fabricante del conductor, ejecutados por los laboratorios apropiados, no son accesibles normalmente en el mercado.

El diagrama de Goodman-Smith (fig. 15) determina la zona de trabajo, afectada de un coeficiente de seguridad, para la cual el material no sufrirá fatiga en su vida útil.

En la fig. 16 se aprecian las curvas para interpretar los registros de los discos de los registradores Zenith, para los otros aparatos consultar los respectivos manuales.

La fig. 17 muestra el diagrama de solicitudes $\sigma_3 + \sigma_4$ y amplitudes con parámetro frecuencia para un determinado diámetro.

Finalmente en la fig. 18 se aprecia la resistencia a la flexión rotativa en función del número de ciclos para distintos diámetros de alambres.

El procedimiento a seguir es similar al enunciado anteriormente, salvo que conocidas las condiciones climáticas críticas y su ponderación; se puede determinar las solicitaciones alternadas para resumir el comportamiento en el diagrama de fatiga (Goodman-Smith).

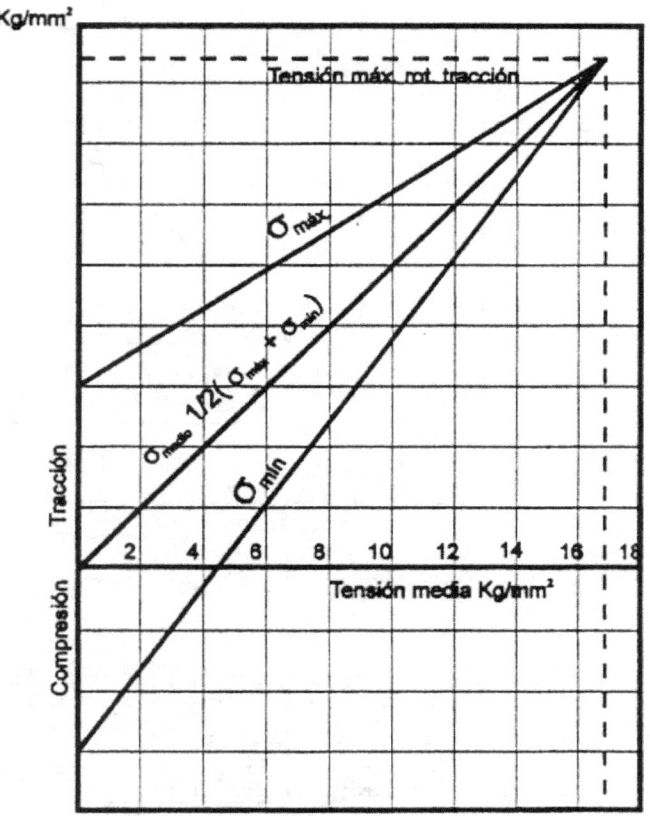

Figura 15. Diagrama Goodman-Smith para alambre de aluminio 3,85 mm para n = 10^7 (Faltan trazar los límites de seguridad).

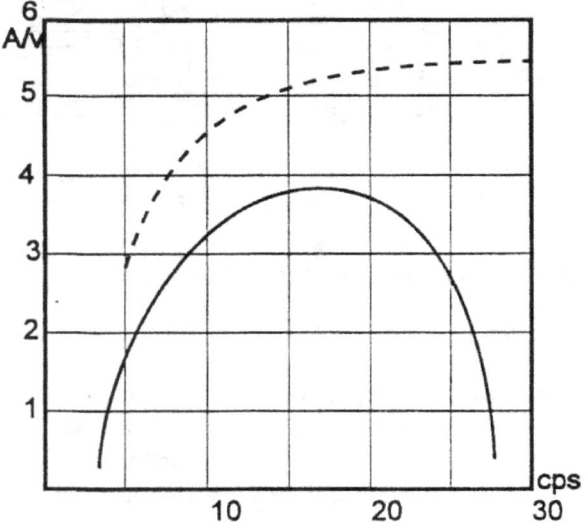

Figura 16. Curvas teóricas y prácticas de A/v de registrador inercial Zenith.

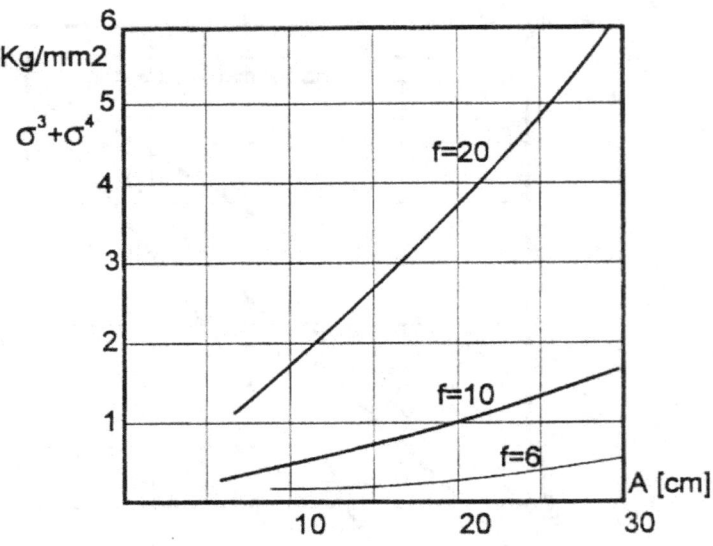

Figura 17. Suma de tensiones σ_3 y σ_4 en función de la amplitud y la frecuencia.

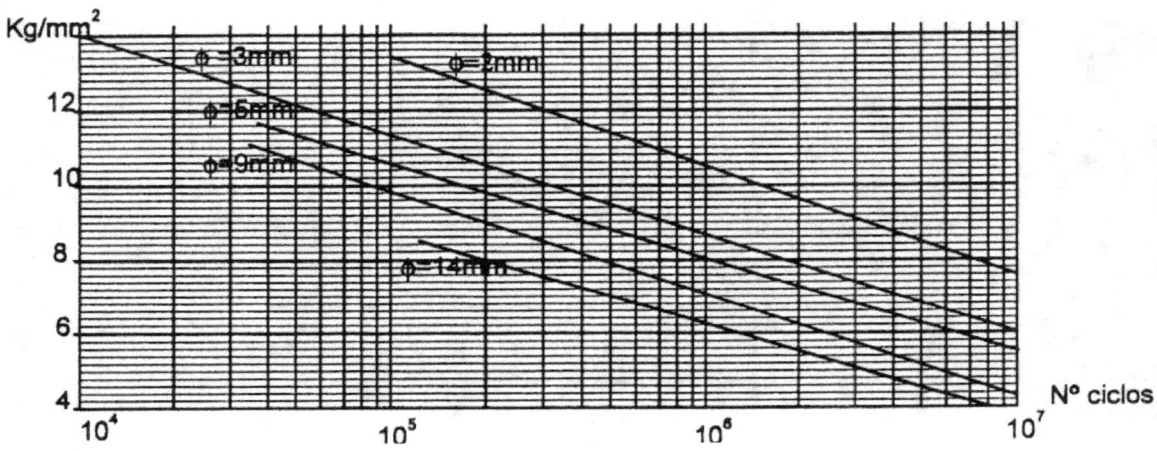

Figura 18. Resistencia a la Flexión alternada para alambres de varios diámetros y ciclos.

Dispositivo contra la vibración del conductor

Dispositivi contro le vibrazioni dei conduttori

É noto che negli elettrodotti i conduttori sia di energia che di guardia, di qualunque natura essi siano, possono essere gravemente danneggiati dalle vibrazioni. Molti soni i fattori che influiscono sul formarsi di vibrazioni dannose (carico di tesatura, lunghezza delle campate, caratteristiche del conduttore, velocità del vento, condizioni ambientali particolari, ecc.) ed è quindi difficile prevedere se una linea vibrerà o no. Ad ogni modo, per linee importanti e dove è essenziale la massima sicurezza di esercizio, il problema delle vibrazioni debe essere previsto e seriamente affrontato.

La pericolosità delle vibrazioni è tale che può portare addirittura alla rottura dei fili e si manifiesta in prossimità dei punti in cui i conduttori vengono fissati e maggiormente in corrispondenza del morsetti di sospensione piuttosto che delle morse di amarro, a meno che queste non siano molto pesanti e scarsamente mobili. Quindi il primo accorgimento da adottare è quello di impiegare morsetti di sospensione e morse di amarro più leggere e mobili possibili. Ma spesso ciò non è sufficiente, e pertanto sono state studiate apposite apparecchiature che hanno lo scopo o di rinforzare il conduttore nei punti di sospensione oppure quello più radicale di eliminare le vibrazioni in prossimità di tutti i punti di fissaggio (sospensione e amarro). Di tali dispositivi la Soc. Salvi produce quelli che sono più largamente in uso perchè dimostratisi più efficienti, e cioè le sbarette protettive "Armour Rods" come apparecchiature del primo tipo, e gli ammortizzatori "Stockbridge" come antivibranti.

Di solito le vibrazioni non sono identiche per tutto il tracciato della linea, quindi può essere utile en certi casi poterle misurare, e per questo la Soc. Salvi può fornire dei registratori di vibrazione di alta precisione e di grande robustezza mediante i quali si possono fácilmente determinare se e in quali tratti si manifestano vibrazioni pericolose, la loro intensità nonchè la periodicità delle sollecitazioni dinamiche del conduttore in prossimità del punti di fissaggio, e cioè dove si possono verificare le rotture di fili dovute a moti vibratori. La lettura delle vibrazioni si effettua su diagrami che possono essere giornaleri o settimanali. Con tali apparecchi si possono rilevare le effettive condizioni della linea eseguendo letture palo per palo, come si può constatare dove è oportuno applicare i dispositivi antivibranti e la reale eficacia di questi dopo il montaggio.

Registro de las Vibraciones del Conductor

Diametro del conduttore	Numero di Catalogo del registratore
mm	
10 a 15	1451 - 1
15 a 20	1451 - 2
20 a 25	1451 - 3
25 a 30	1451 - 4
30 a 35	1451 - 5
35 a 40	1451 - 6
40 a 45	1451 - 7
45 a 50	1451 - 8
50 a 55	1451 - 9
55 a 60	1451 - 10

– Nell'ordinazione precisare il diametro del conduttore

Registratore delle vibrazioni dei conduttori

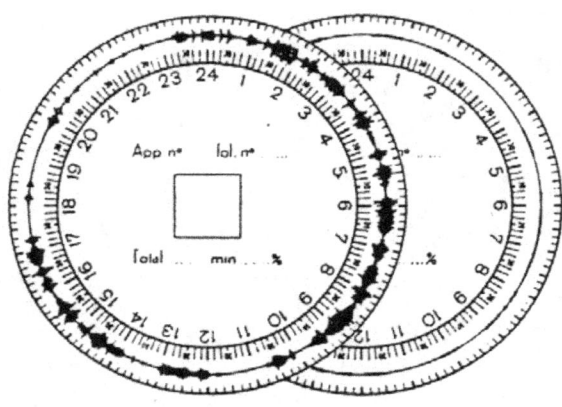

Diagrammi delle vibrazioni naturali e ammortizzate dei conduttori, ottenuti con l'apparecchio registratore

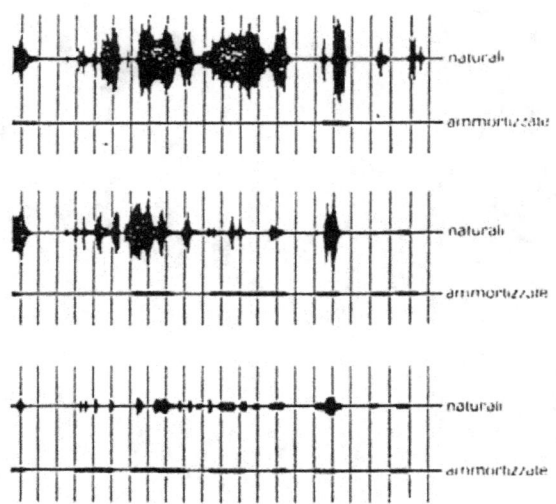

Sviluppo rettilineo di alcuni diagrammi delle vibrazioni

Barra protectora

Sbarrette prottetive ("Armour Rods,,)

Consistono in un fascio formato da 10 o più sbarrette cilindriche in alluminio al 99,5%, conificate alle extremita a di diámetro e lunghezza proporzionati al diámetro del conduttore. Esse vengono avvolte a spirale intorno a questo in corrispondenza del punto dove dove essere fissato il morsetto di sospensione che viene montato al centro di esse. L'avvolgimento dev'essere eseguito, per mezo di due chiavi speciall, nello stesso senso di quello del fili dello strato esterno del conduttore.

Con questo sistema si aumenta sensibilmente il momento di inercia del conduttore, in quanto non solo si rinforza il conduttore nei tratto di massimo sforzo di flessione, ma si riduce lo sforzo stesso distribuendolo su un tratto di Maggiore lunghezza. Le sbarrette protettive inoltre riducono notevolmente l'effetto nocivo delle vibrazioni diminuendone l'ampiezza, a soprattutto proteggono il conduttore dalle bruciature provocate da archi di potenza.

La extremita delle sbarrette vengono bloccate pressando sulle stesse, con un'apossita chiave, due ceppi terminali. Nelle linee ad altissimo voltaggio, tall estremità possono dare origine a dannosi effluvi, che vengono eliminati con calotte di protezione di forma sferica montate sopra al ceppi. La particolare struttura delle calotte ne impedisce lo scorrimento che può assere causato dai moti vibratori del conduttore.

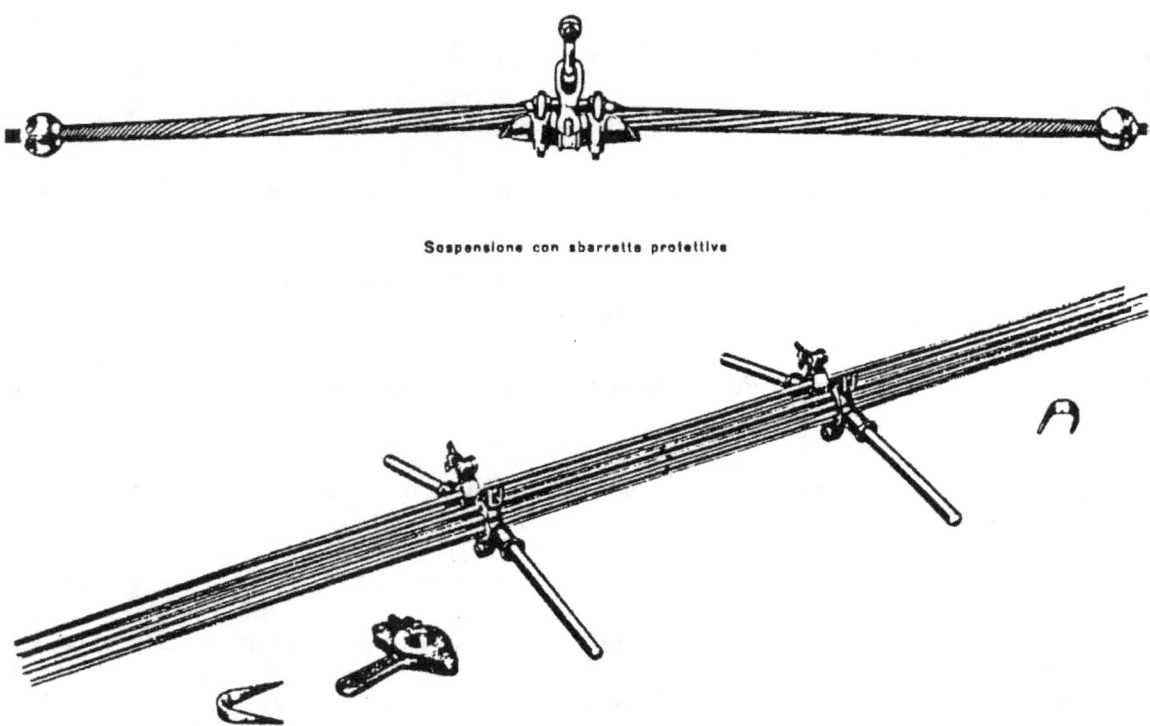

Sospensione con sbarrette protettive

DISTRIBUCIÓN SUBTERRÁNEA (INTRODUCCIÓN):

En regla general la distribución de energía eléctrica por conductores subterráneos no difiere con los sistemas estudiados hasta el momento.

Consideraremos dos aspectos que hacen al tipo de instalaciones:

a) Distribución en baja tensión (380/220 V)
b) Distribución en media tensión (13,2 y 33kV)

Para ambos casos el factor limitante del uso del conductor será su capacidad de evacuación de calor a través del medio que lo rodea, si la evacuación es menor a la producción llegará el momento en que el aislante se deteriorará (el calor es generado por las pérdidas del conductor al paso de la corriente).

Se puede plantear el problema desde el punto de vista de la Ley de Ohm térmica

$$At = R_t \ W$$

donde At es el incremento de temperatura admisible del cable y el medio que lo rodea, expresado en °C.

R_t = es la resistencia que el calor encuentra para disiparse desde el cable al ambiente que lo rodea, en forma radial.en °Cm/W.

W= es la la pérdida de potenciaque desde el cable debe disiparse al ambiente que lo rodea en W/m.

La expresión presentada es simplificada de las variantes que intervienen y que mencionaremos las más importantes:

- pérdidas por efecto joule .

- pérdidas en los revestimientos (corrientes parásitas en las envolturas metálicas, etc.)

Siempre las pérdidas son proporcionales al cuadrado de las corrientes circulantes, y se las agrupa como pérdidas equivalentes.

A las anteriores deben agregarse las pérdidas en los aislantes o dieléctricos que se expresan en función de la tangente de delta, para el caso de baja tensión y media tensión son despreciables frente a las pérdidas por efecto joule.

Volviendo a la forma de mensurar el efecto de las pérdidas por efecto joule, para su disipación hay que considerar la resistencia al paso del calor del conductor y su envainado protector y la debida al terreno o medio circundante.

Los valores de resistencia del cable se ajustan por ensayos de laboratorio y son provistas por los fabricantes, los correspondientes al suelo se pueden apreciar por la fórmula de Kennelly:

$$R_{tt} = 0,366 \times 10^{-2} \ p_t \times \log_{10} (\ 2p\text{-}(D/2))/(D/2)) \text{ siendo:}$$

R_{tt} = resistencia térmica del terreno en (°Cm/W).

p_t = resistividad térmica del terreno en (°Cm/W).

P = profundidad del cable enterrado.

D = diámetro exterior del cable.

La resistencia al paso del calor es muy superior en el terreno o medio a la del conjunto del cable, lo que hace dificultosa la evacuación del calor en las primeras capas que rodean al cable. La resistencia térmica del terreno no es siempre fácil de calcular, depende del tipo de terreno geológico, humedad, etc. Cada país fija valores experimentales en sus normas y en general los fabricantes de cables suministran las tablas de corrección en base a su experiencia. La segunda variable, profundidad de ubicación del conductor está generalmente establecida por normas, siendo mayor de 0,60m y exigiendo algún tipo de protección para los accidentes por cavado.

La diferencia en el uso de los cables en baja y media tensión tiene que ver con la seguridad en el servicio, sin entrar a analizar las respectivas normas que deben respetar las instalaciones comentaremos los aspectos más destacables:

Baja tensión:

a) Por zona de vereda, accediendo a cajas de derivación a usuario por encima del nivel de la vereda y protegida de posibles entradas de agua (el cable entra y sale de la caja).

b) Colocado en zanjas con un recubrimiento de arena media y protegido por una fila de ladrillos a lo largo.

c) Cruce de calzadas: por cañería de plástico colocadas por duplicado (una de reserva) por debajo de la calzada.

d) Empalme con líneas aéreas: siempre la salida subterránea protegida por un caño de acero galvanizado hasta una altura superior a los dos metros desde el ras del suelo.

e) Los extremos del cable subterráneo se terminan con un terminal de identar envuelto en cintas apropiadas que reconstruyen la aislación y protegen de la entrada de agua o humedad.

Media Tensión

Se siguen los mismos criterios, salvo que la protección con ladrillos se realiza en forma transversal y la terminación del cable exige una "botella" de transición de la forma protegida a sin proteger, que limite las concentraciones de campo eléctrico, entrada de humedad, etc. Las botellas de protección suelen ser termocontraíbles o termosellables y disponen de elementos para poner a tierra las vainas metálicas protectoras de los cables.

En ambos casos es de fundamental importancia el montaje del cable en la zanja, el cable no debe ser sometido a esfuerzos de tracción no contemplados ni a radios de curvatura excesivos, ambas situaciones dañan la aislación. Cada empresa distribuidora de energía adopta o reglamenta la forma en que se deben instalar los cables subterráneos.

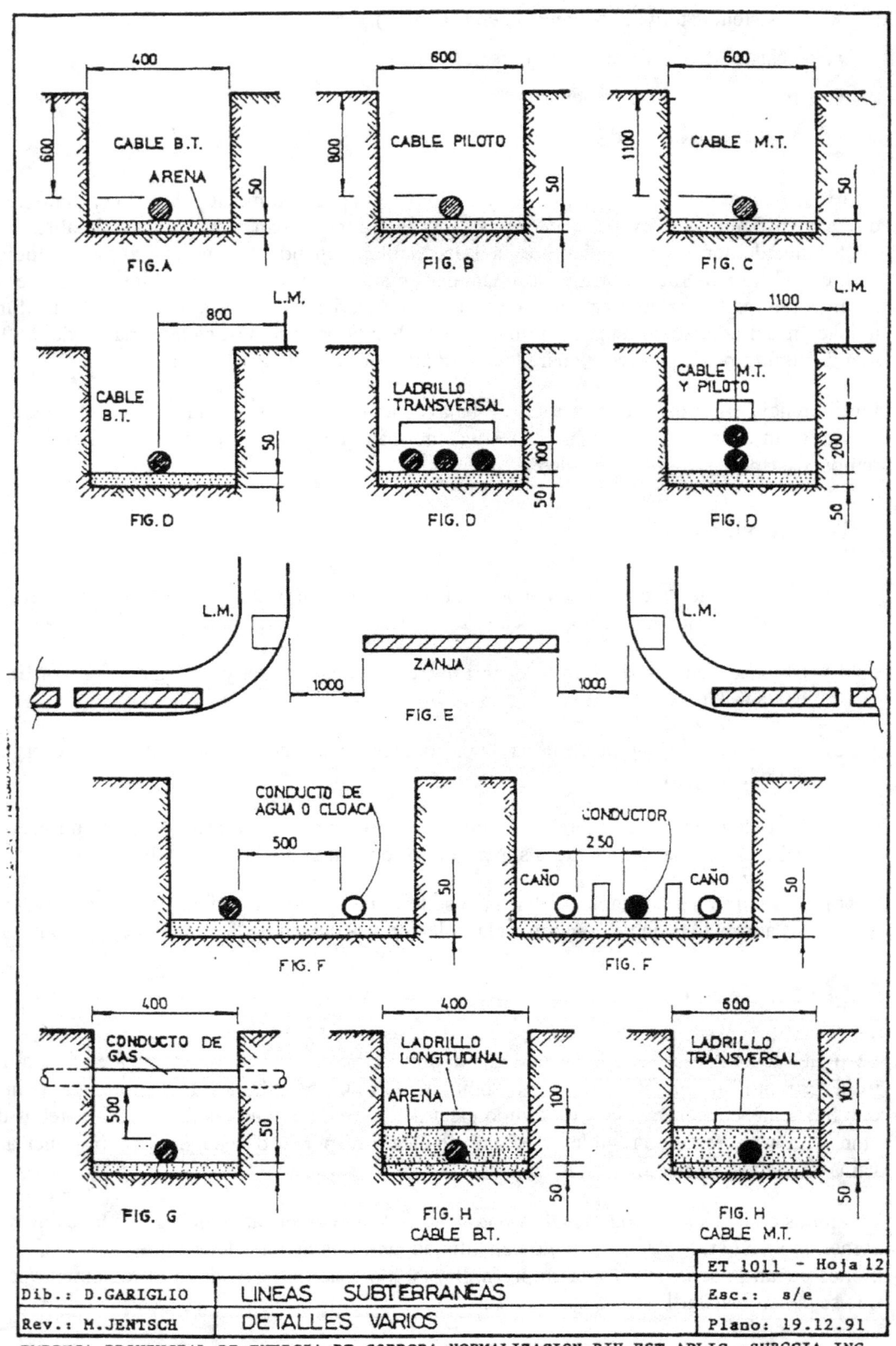

	LINEAS SUBTERRANEAS	ET 1011 - Hoja 12
Dib.: D.GARIGLIO		Esc.: s/e
Rev.: M.JENTSCH	DETALLES VARIOS	Plano: 19.12.91

EMPRESA PROVINCIAL DE ENERGIA DE CORDOBA-NORMALIZACION-DIV.EST.APLIC.-SUBGCIA.ING.

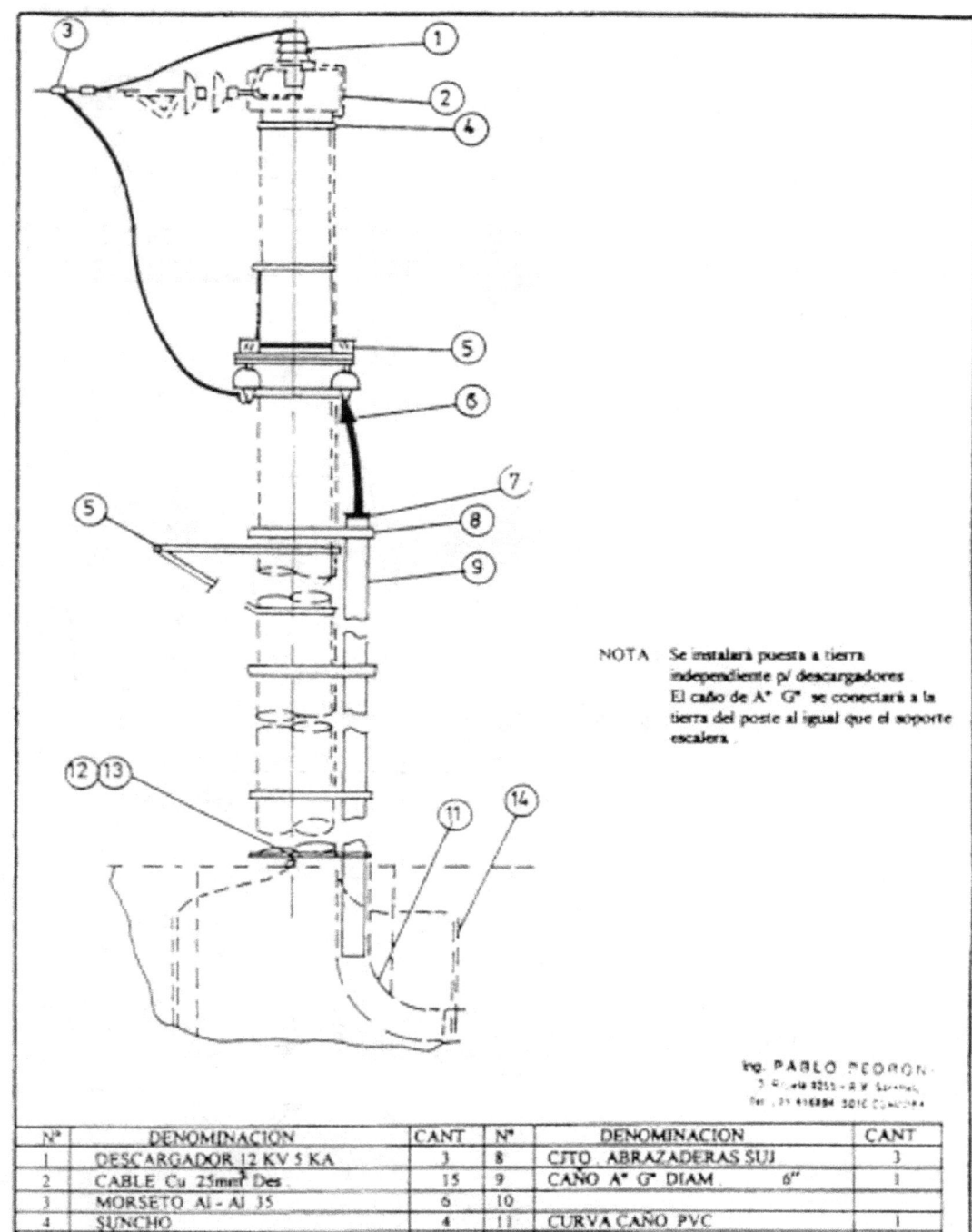

NOTA   Se instalará puesta a tierra
independiente p/ descargadores
El caño de A° G° se conectará a la
tierra del poste al igual que el soporte
escalera.

Ing. PABLO PEDRON
...

N°	DENOMINACION	CANT	N°	DENOMINACION	CANT
1	DESCARGADOR 12 KV 5 KA	3	8	CJTO. ABRAZADERAS SUJ	3
2	CABLE Cu 25mm² Des.	15	9	CAÑO A° G° DIAM. 6″	1
3	MORSETO Al - Al 35	6	10		
4	SUNCHO	4	11	CURVA CAÑO PVC	1
5	CJTO. SECCIONAMIENTO	1	12	GRAPA NC 3	2
6	BOTELLA TERM. INTEMP. CAS	S/C	13	CABLE A° G° MN 100	1
7	TAPON MASILLA ELASTICA	G/L	14	JABALINA Ac/Cu 5/8″ x 2 ,Acc.	1

		COOPERATIVA LUZ Y FUERZA	PLANO N° 2/2
DIB: PICONE	FECHA 5/97	ACOMETIDA SUBTERRANEA—AEREA (2° ALIMENTADOR)	
APR:	ESC:		CONJUNTO:

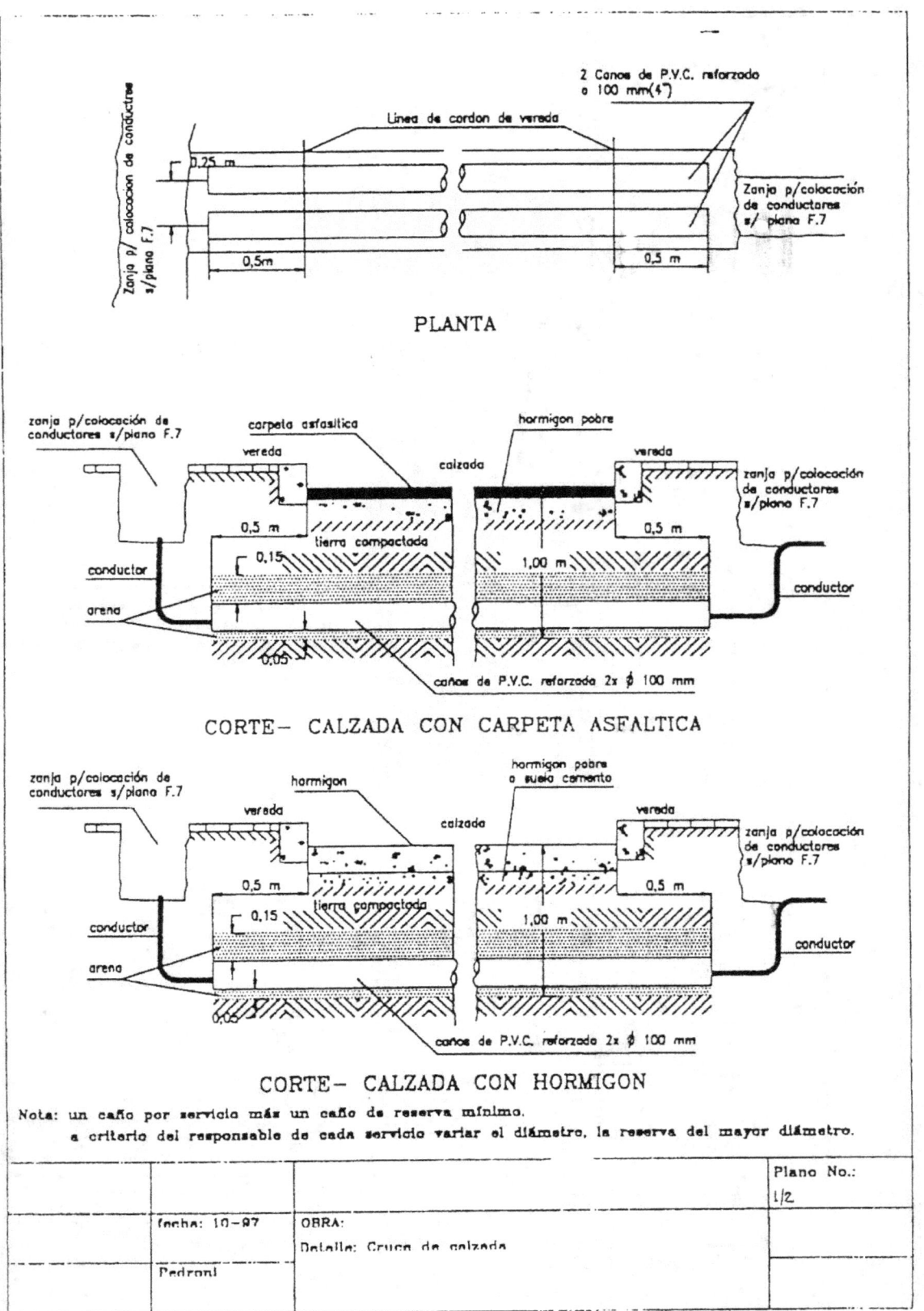

PLANTA

CORTE— CALZADA CON CARPETA ASFALTICA

CORTE— CALZADA CON HORMIGON

Nota: un caño por servicio más un caño de reserva mínima.
a criterio del responsable de cada servicio variar el diámetro, la reserva del mayor diámetro.

			Plano No.:
			1/2
	fecha: 10-97	OBRA:	
		Detalle: Cruce de calzada	
	Pedroni		

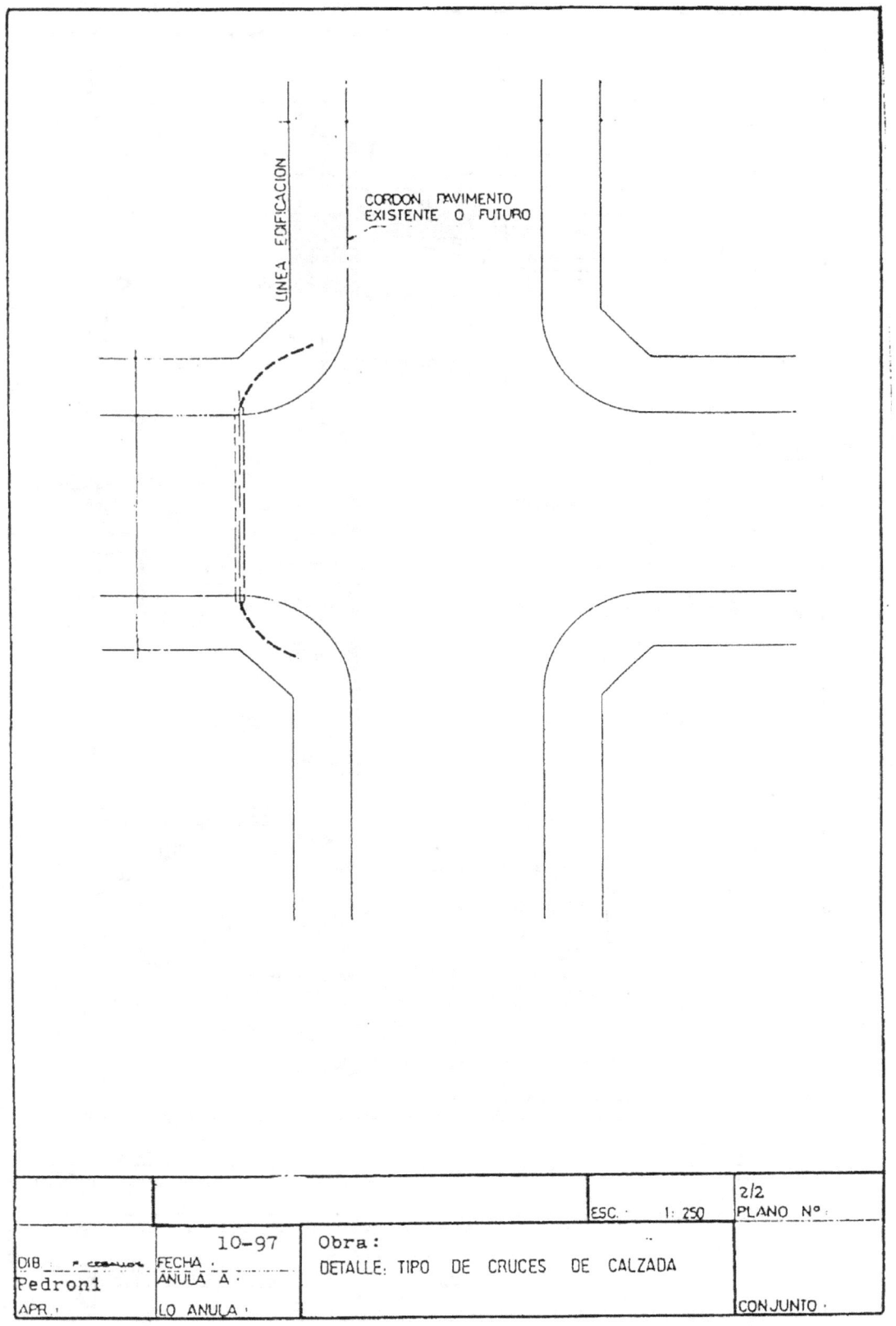

					2/2	
				ESC. 1: 250	PLANO N°:	
	10-97	Obra:				
DIB P. ceauos	FECHA. ANULA A.	DETALLE: TIPO DE CRUCES DE CALZADA				
Pedroni						
APR.	LO ANULA.					CONJUNTO.

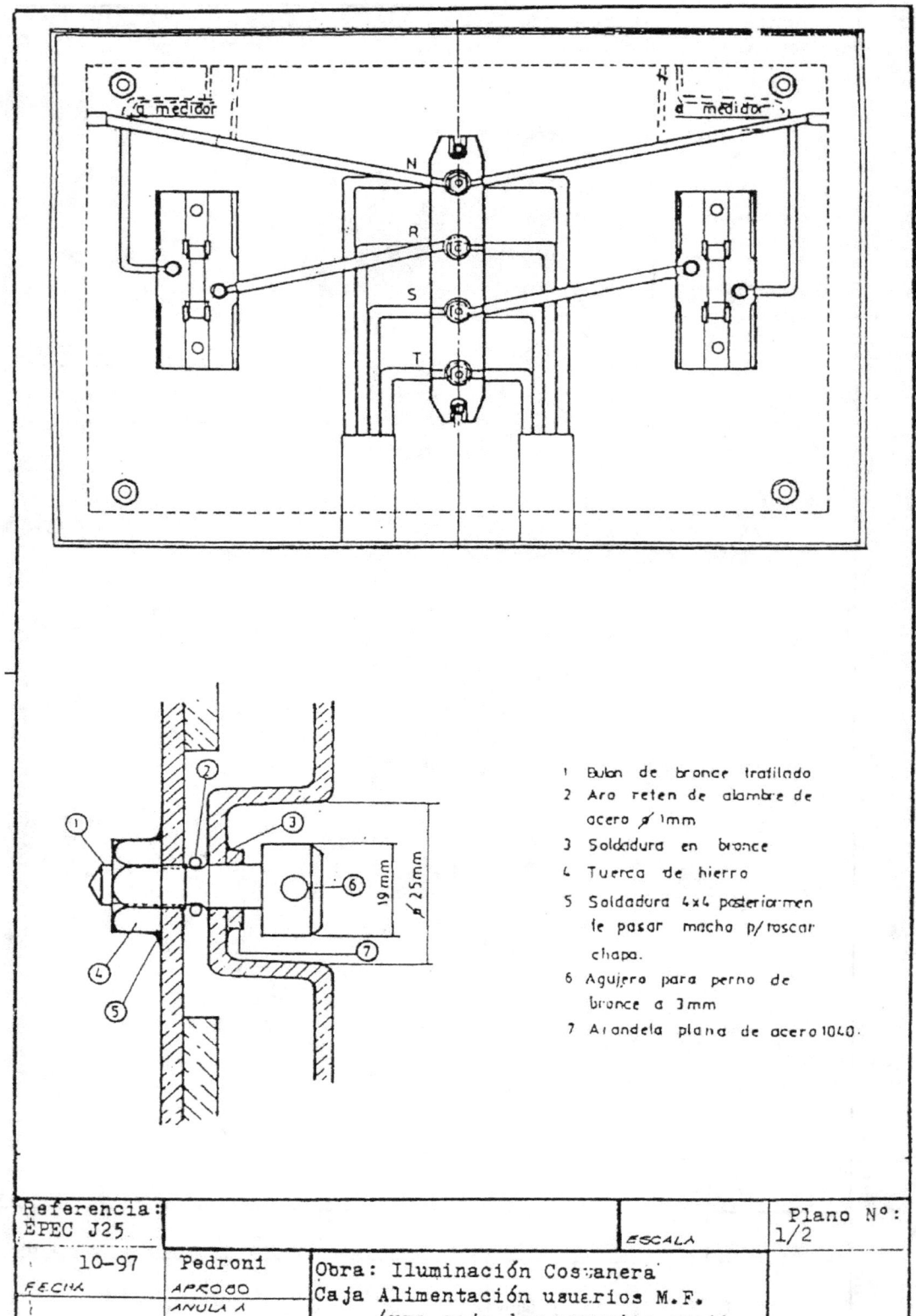

1   Bulon de bronce trafilado
2   Aro reten de alambre de
     acero ϕ 1mm
3   Soldadura en bronce
4   Tuerca de hierro
5   Soldadura 4x4 posteriormen
     te pasar macho p/roscar
     chapa.
6   Agujero para perno de
     bronce a 3mm
7   Arandela plana de acero 1040.

Referencia: EPEC J25			ESCALA	Plano Nº: 1/2
10-97	Pedroni	Obra: Iluminación Costanera		
FECHA	APROBO	Caja Alimentación usuarios M.F.		
	ANULA A	(una caja dos usuarios conti-		
PLANO Nº	LO MUDO	guos-referencia)		

CONSTRUCCIÓN Y MONTAJE DE OBRAS, REGLAS DEL BUEN ARTE, INTERPRETACIÓN DE PLIEGOS, NORMAS Y REGLAMENTACIONES DE LAS PRESTATARIAS Y/O DEPOSITARIAS DEL PODER DE POLICÍA DEL SERVICIO PARA LA TRAMITACIÓN Y/O VISACIÓN DE PROYECTO Y APROBACIÓN DE OBRAS EMERGENTES DE LOS MISMOS.

Construcción y montaje de obras, reglas del buen arte

En la parte 3 de la Guía de Estudios, en Pautas a seguir....no hemos referido a este título, por lo que para no abrumar de información al alumno, solamente nos ocuparemos de aspectos más formales que de fondo.

Que entendemos por " reglas del buen arte" o "zapatero a tus zapatos" es hacer las cosas de acuerdo a lo proyectado, sin vicios ocultos, con personal práctico en el tema, prolijo, o hablando mal y pronto "bueno, bonito y barato".

El material de una obra debe ser manejado con cuidado, el cable no debe presentar torceduras ni raspaduras , las piezas deben encajar sin esfuerzo.

INTERPRETACIÓN DE PLIEGOS, NORMAS Y REGLAMENTACIONES DE LAS PRESTATARIAS Y/O DEPOSITARIAS DEL PODER DE POLICÍA DEL SERVICIO PARA LA TRAMITACIÓN Y/O VISACIÓN DE PROYECTO Y APROBACIÓN DE OBRAS EMERGENTES DE LOS MISMOS.

En la provincia de Córdoba, el poder de policía lo detenta el ERSEP, pero el uso del espacio público es privativo de otras reparticiones como Dirección Provincial de Vialidad, de Aguas y Saneamiento, Municipalidades, Comunas, etc. y el sector privado.

En el ámbito de EPEC rige un conjunto de normas técnicas agrupadas en el Pliego Gral. de Especificaciones Técnicas , de las cuales hemos utilizado ya algunas, además otras disposiciones complementarias como las Cartas Técnicas, Reglamento Gral. para Electrificación de Loteos, Régimen Gral. de Suministro, Cuadro Tarifario, que son adoptadas por el ERSEP o se indican cómo consulta, etc.

EPEC regula o reglamenta sobre las características mínimas de seguridad de las obras, algunos aspectos técnicos que pueden ser o no compartidos por los otros distribuidores (a la fecha, agosto de 1999, solamente distribuyen en la Pcia. de Córdoba EPEC y las Cooperativas) como ser sección mínima de conductor en líneas de M.T. etc.

Los otros entes, regulan respecto al uso del espacio público, dónde y como deben ubicarse tendidos eléctricos (para nuestro caso) o de otra índole. Finalmente cuando se necesita pasar por terreno privado y no se consigue el permiso de paso del propietario y según la importancia de la obra se puede aplicar la Ley de Electroducto. En todos los casos una autorización para un tendido o ubicación de una obra eléctrica constituye a la larga una restricción al dominio o servidumbre de paso, quedando asentada en la matrícula de la propiedad afectada.

Sobre el particular y el resto de los aspectos de este apartado, ya nos hemos referido en la parte 3 de la Guía de Estudios en Pautas a seguir...

CAPÍTULO 4

SUB ESTACIONES TRANSFORMADORAS DE MEDIA TENSIÓN A BAJA TENSIÓN

La Sub estación transformadora constituye el eslabonamiento entre el sistema primario de distribución en media tensión con el sistema secundario.

Depende del caso particular de cada suministro podemos clasificar las sub estaciones en :

a) suministros a loteos o centros residenciales con distribución aérea.

b) suministros a loteos o centros residenciales con distribución subterránea.

c) suministro a edificios en propiedad horizontal.

d) suministro a plantas industriales .

e) suministro a usuarios particulares o grupo de usuarios (electrificación rural).

f) distribuidora en media tensión (Estación de maniobras)

g) suministro interno en una planta industrial a sector de producción.

h) otras.

También, desde el punto de vista de la instalación respecto al medio ambiente pueden ser:

a) interiores y a su vez elevadas, a nivel, subterráneas.

b) exteriores y a su vez elevadas, a nivel, mixtas.

c) blindadas (para industrias en ambientes corrosivos).

d) Otras.

Como se aprecia, el rango de clasificación o agrupamiento podemos hacerlo tan extenso como se desee, en base a la función principal de la SET.

Sub estaciones de transformación, urbanas, rurales. Distintos tipos, elementos componentes y su ubicación física, criterios de diseño.

En el caso particular de nuestra materia, haremos particular atención al equipamiento mínimo que debe contar la instalación y su justificación:

a) del lado de media tensión: se debe contar con un seccionamiento que puede contener el elemento fusible, si el sistema lo requiere el mejoramiento se logra con:

- .seccionamiento con repetición.

- .seccionamiento fusible con desconexión bajo carga.

- .seccionamiento más interruptor con servicios auxiliares (desde ninguno hasta los mas complejos a PLC , que controlan tipo de alteración, posible causa, cuentan los disparos, etc. etc. protección del transformador por temperatura, corriente a tierra, desequilibrio, burbujas de gas, etc.). Además debe contar con protección contra sobre tensiones (descargador con o sin desligador).

b) del lado de baja tensión: se debe contar como mínimo con un seccionamiento que puede contener el elemento fusible, casos más complejos pueden requerir aparte del mencionado, interruptores con regulación de corriente de apertura (termomagnéticos), o controles auxiliares que verifiquen corrientes diferenciales, falta de fase, desplazamiento del neutro, sobre o baja tensión, etc.

Se debe verificar en todos los casos la existencia de malla de puesta con el respectivo conexionado de los equipos y/o partes a la misma según las especificaciones técnicas vigentes (en el área de Córdoba, Pliego Gral. de especificaciones Técnicas de EPEC).

Se agregan a modo ilustrativo los siguientes esquemas o croquis y/o partes de folletos:

a) rurales, mono y biposte.

b) urbanas aéreas tipo mono y biposte.

c) transformación y maniobra MT/MT (33/13,2kV).

d) suministro particular en media tensión mediante celdas.

e) nivel, croquis de detalles constructivos.

f) subterránea.

g) centro compacto

Como el lector puede apreciar, es determinante en cada caso, las condiciones de servicio y la inversión disponible o prevista, lo que en definitiva influirá en el proyecto de la obra.

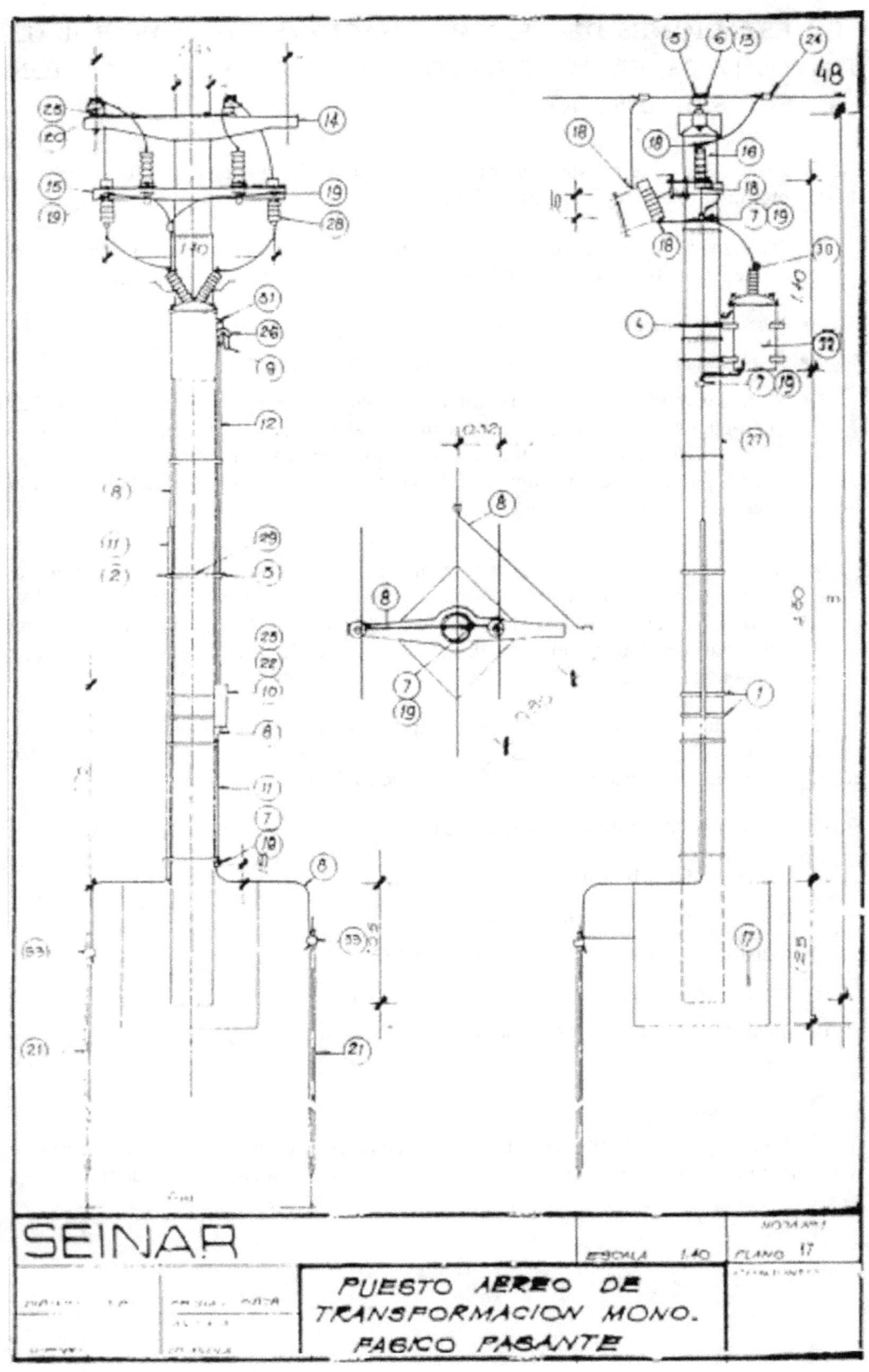

SEINAR

PUESTO AEREO DE
TRANSFORMACION MONO.
FASICO PASANTE

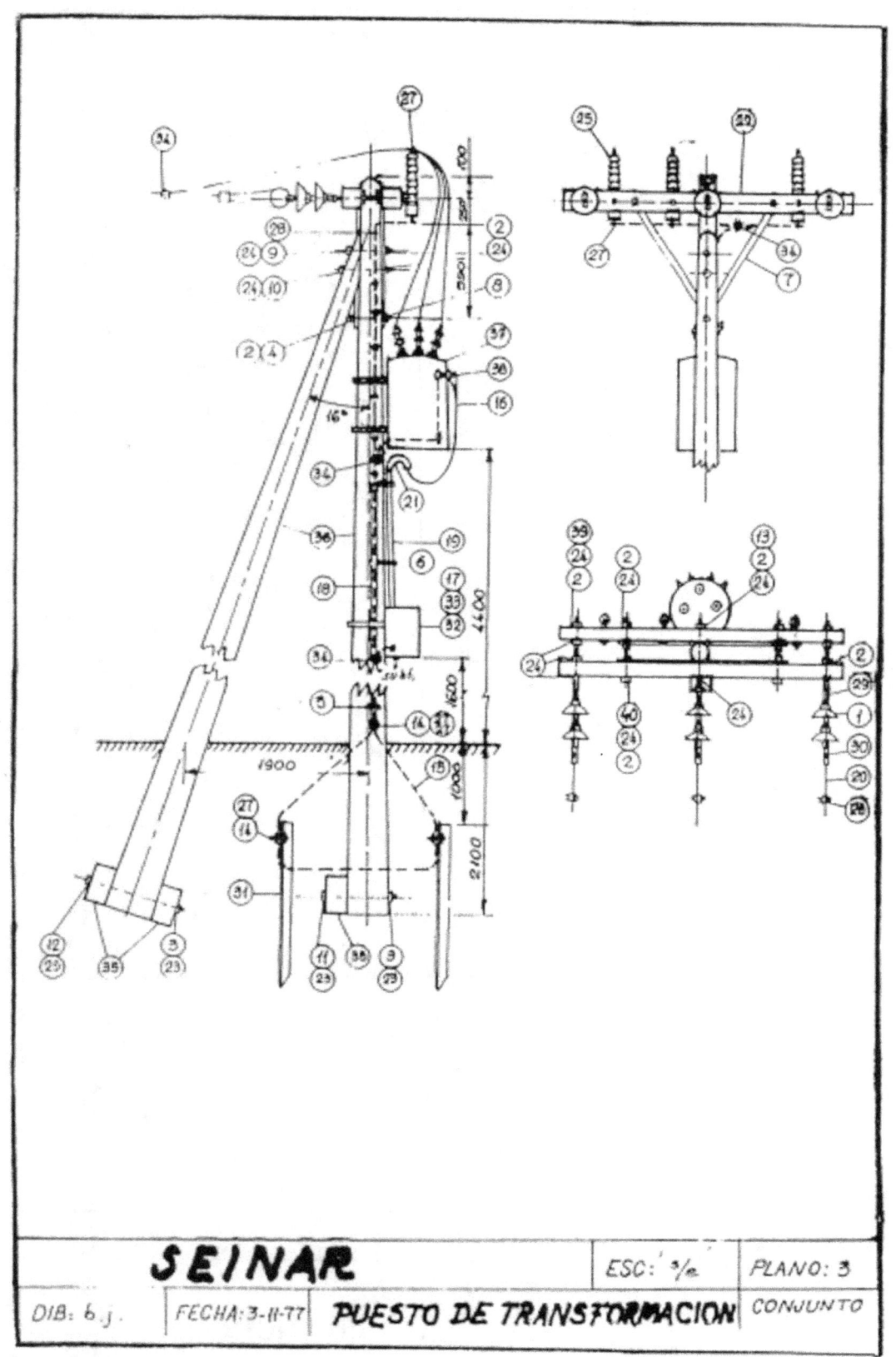

SEINAR

DIB: 6.j. | FECHA: 3-11-77 | PUESTO DE TRANSFORMACION | CONJUNTO

ESC: ³/₄ | PLANO: 3

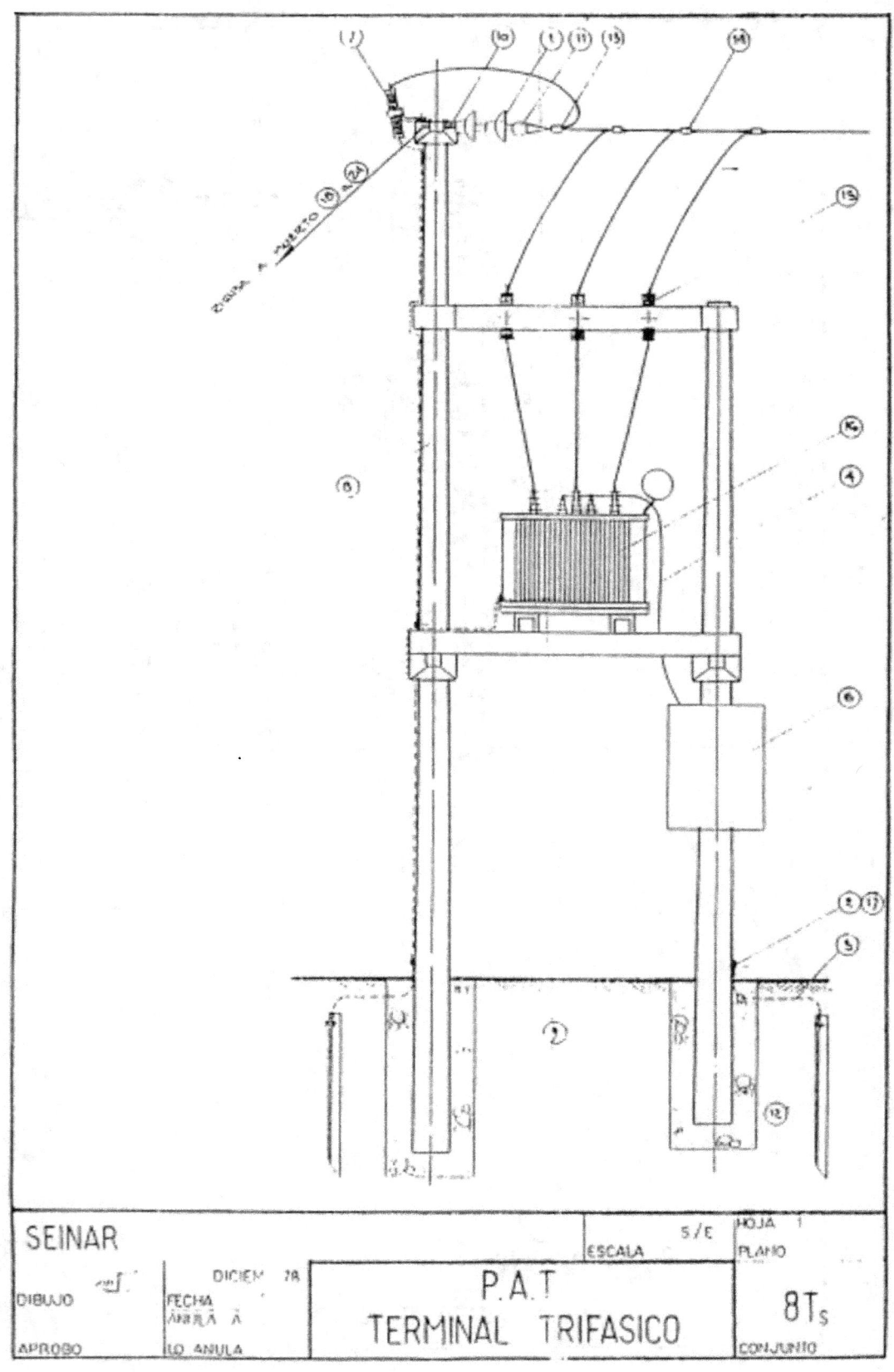

SEINAR

			ESCALA	S/E	HOJA	1
DIBUJO	FECHA	DICIEM 78			PLANO	
APROBO	LO ANULA		P.A.T TERMINAL TRIFASICO		CONJUNTO	8Ts

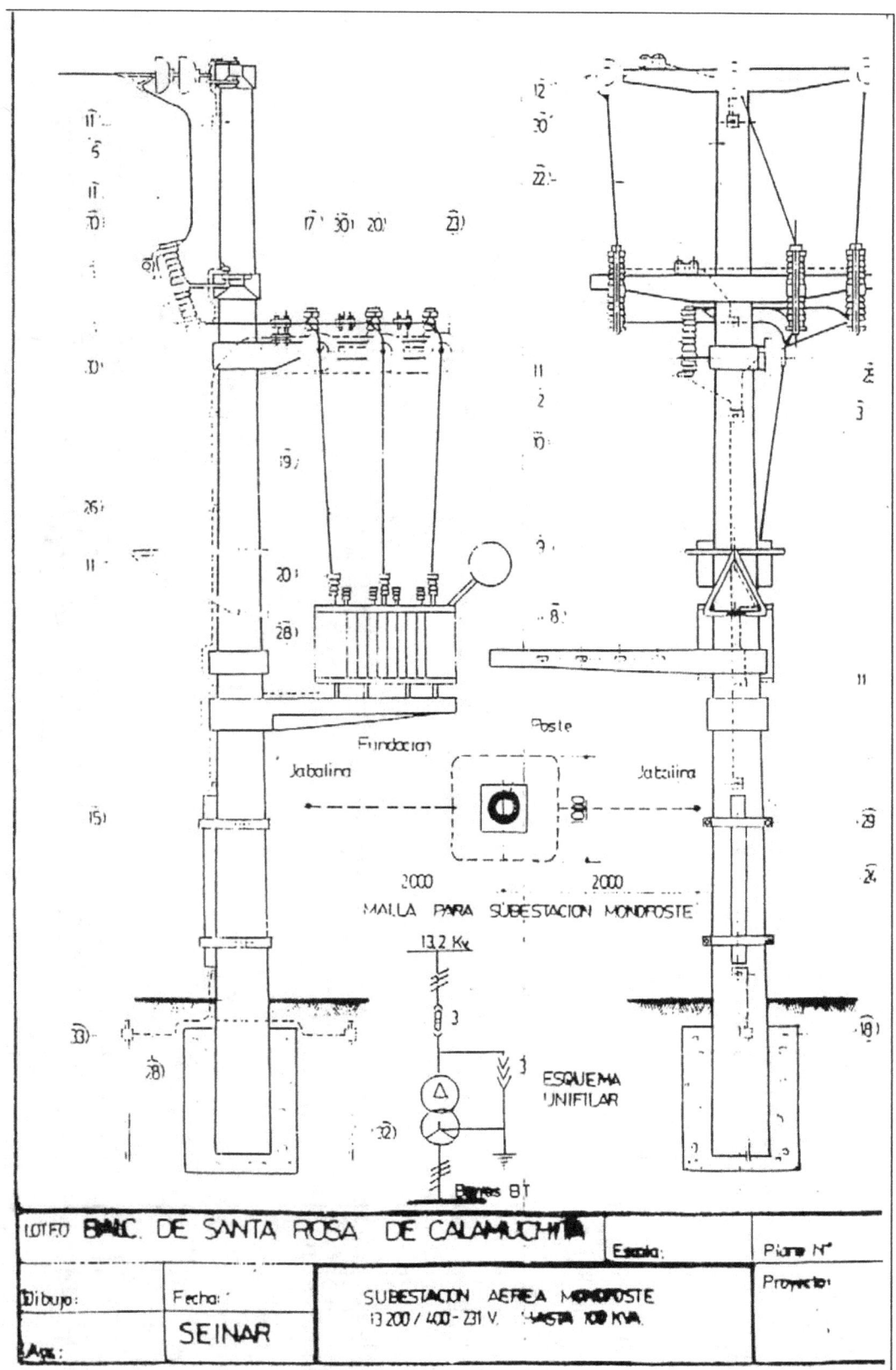

Fundacion

Poste

Jabalina

Jabalina

2000

2000

MALLA PARA SUBESTACION MONOPOSTE

13.2 Kv

ESQUEMA
UNIFILAR

Barras BT

LOTEO: BALC. DE SANTA ROSA DE CALAMUCHITA	Escala:	Plano N°
Dibujo:	Fecha:	Proyecto:
Apr.:	SEINAR	SUBESTACION AEREA MONOPOSTE 13200 / 400-231 V. HASTA 100 KVA.

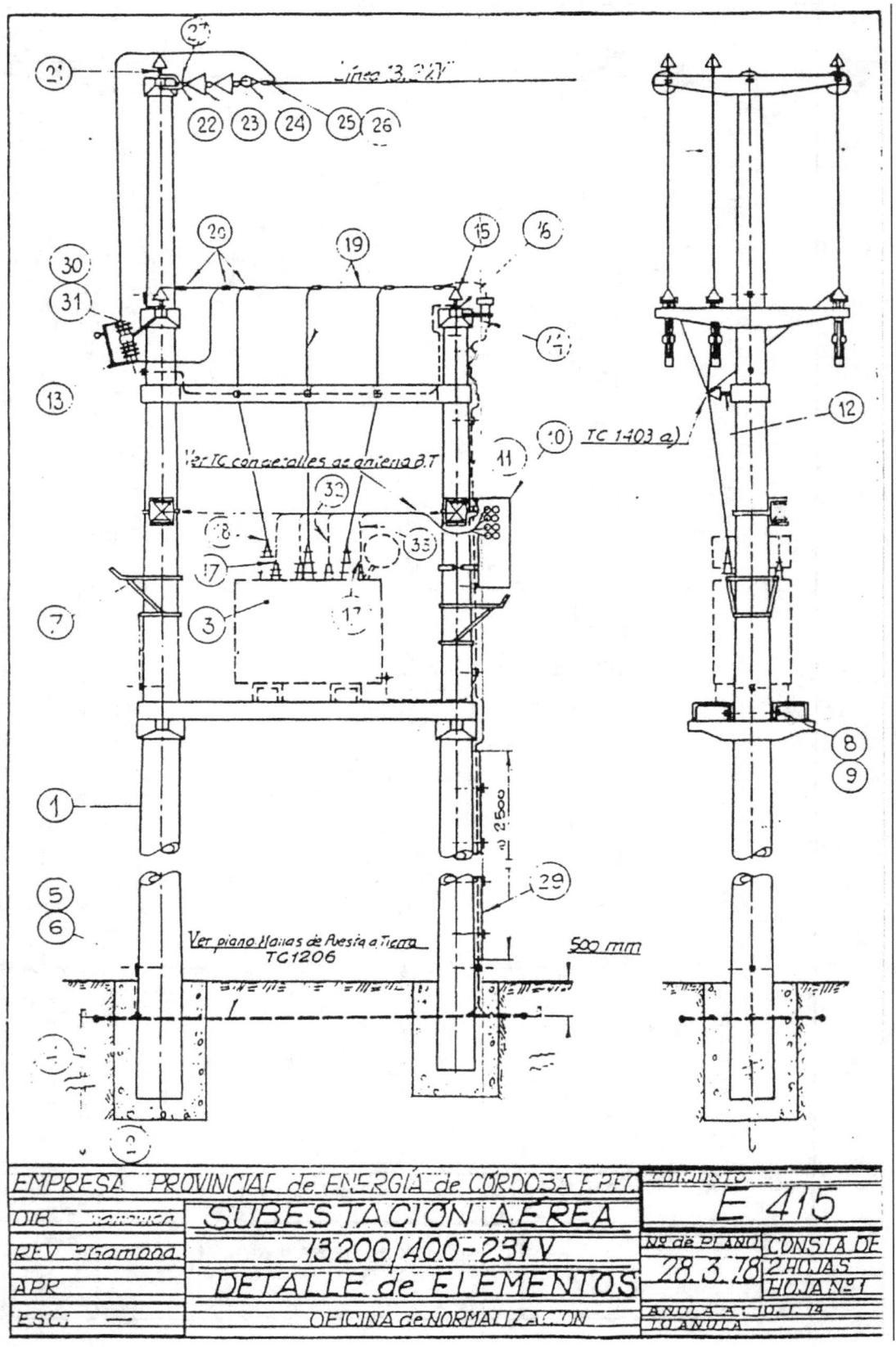

EMPRESA PROVINCIAL de ENERGÍA de CÓRDOBA E.P.E.C.

SUBESTACIÓN AÉREA

13200/400-231V

DETALLE de ELEMENTOS

OFICINA de NORMALIZACIÓN

CONJUNTO E 415

Nº de PLANO 28.3.78

CONSTA DE 2 HOJAS
HOJA Nº 1

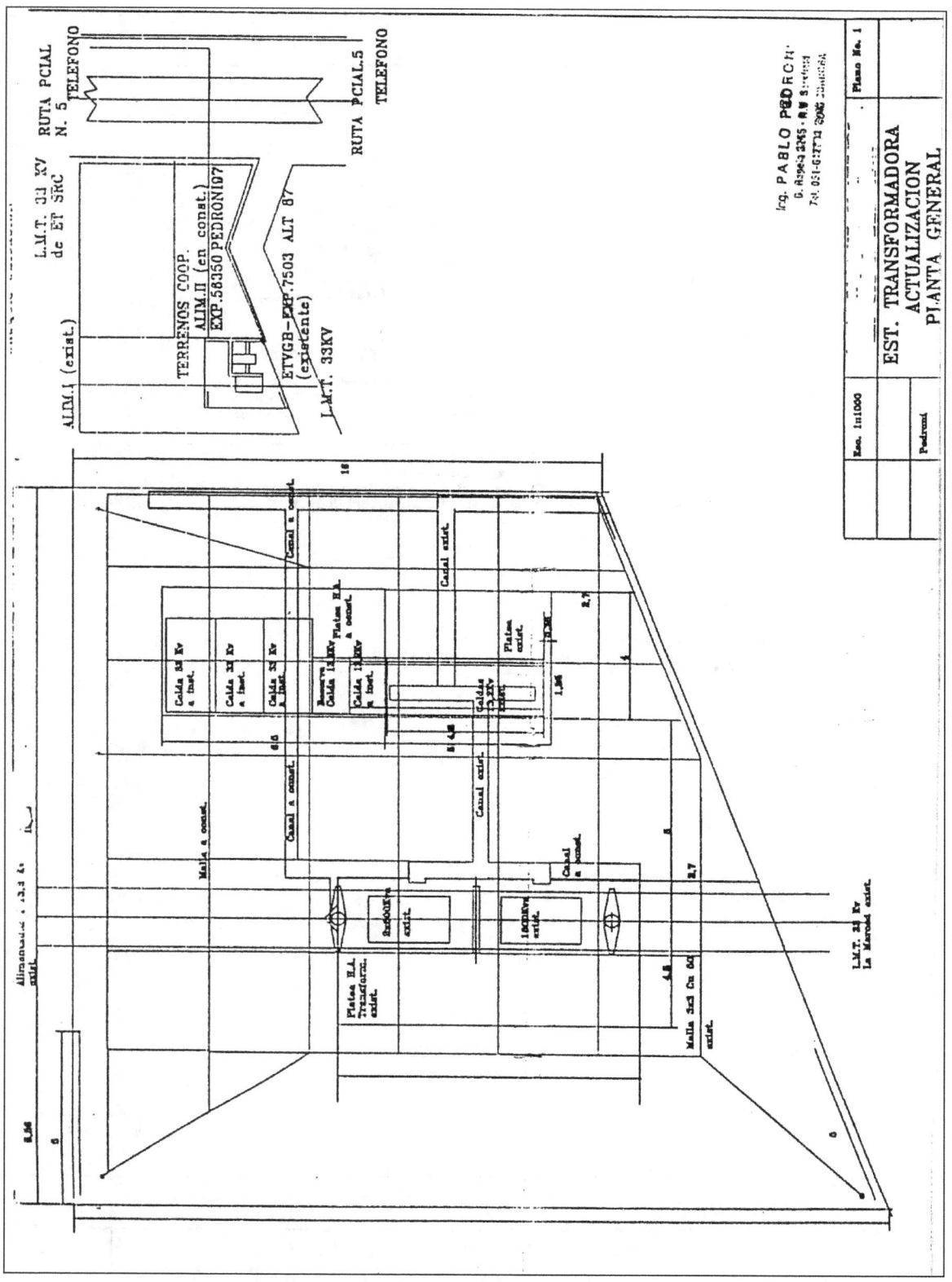

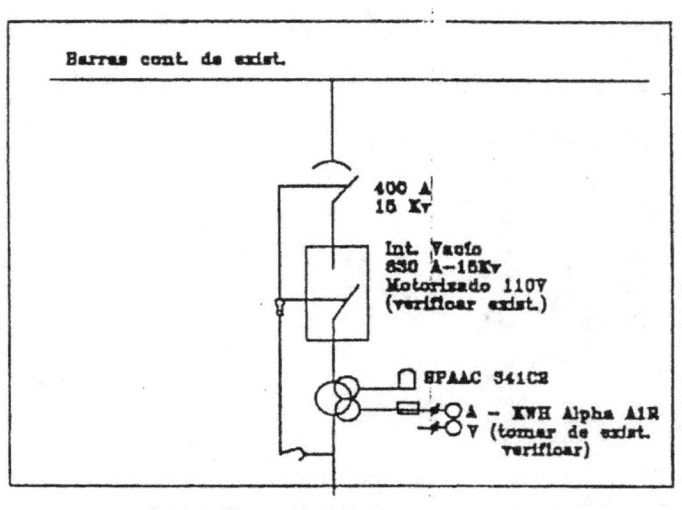

Barras cont. de exist.

400 A
15 Kv

Int. Vacío
630 A-15Kv
Motorizado 110V
(verificar exist.)

SPAAC 341C2

A — KWH Alpha A1R
V (tomar de exist.
verificar)

Alimentador II
(cable con botellas terminadas
a entregar in situ por Coop.)

Notas:

Esquema indicativo.
Ver pliego especificaciones técnicas particulares.
Verificar existentes en ETYGB.

Ing. PABLO PEDRON

Plano No. 6

| fecha: 9-97 | ESTACION TRANSFORMADORA ACTUALIZACION-1a. ETAPA CELDA 13,2KV ALIMENTADOR II (Esquema unifilar de potencia indicativo) | |
| Pedroni | | |

Gentileza de
Electroingeniería
ICSA

Gentileza de Electroingeniería ICSA

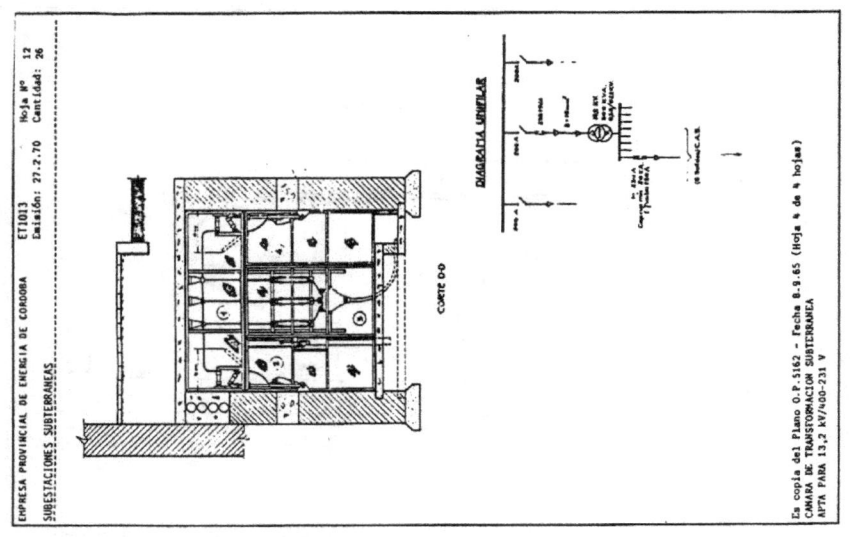

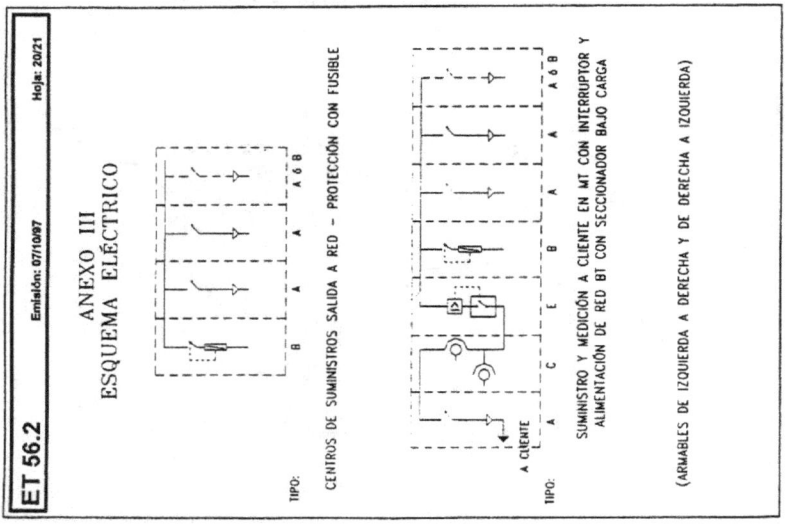

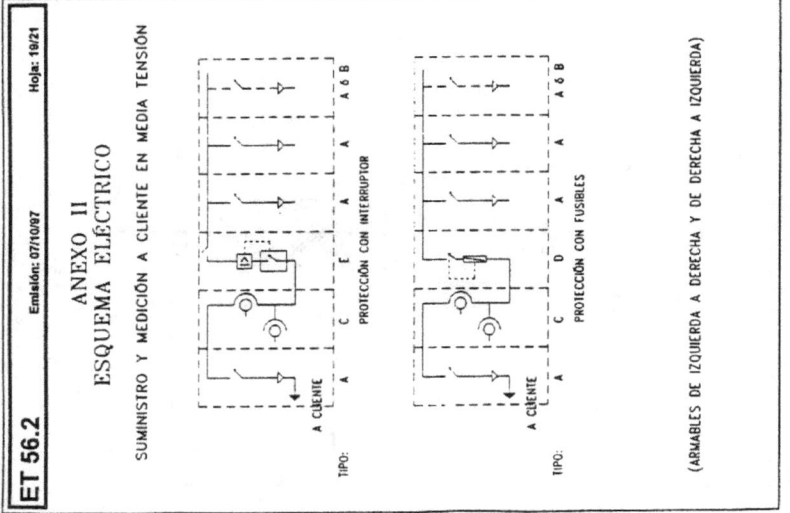

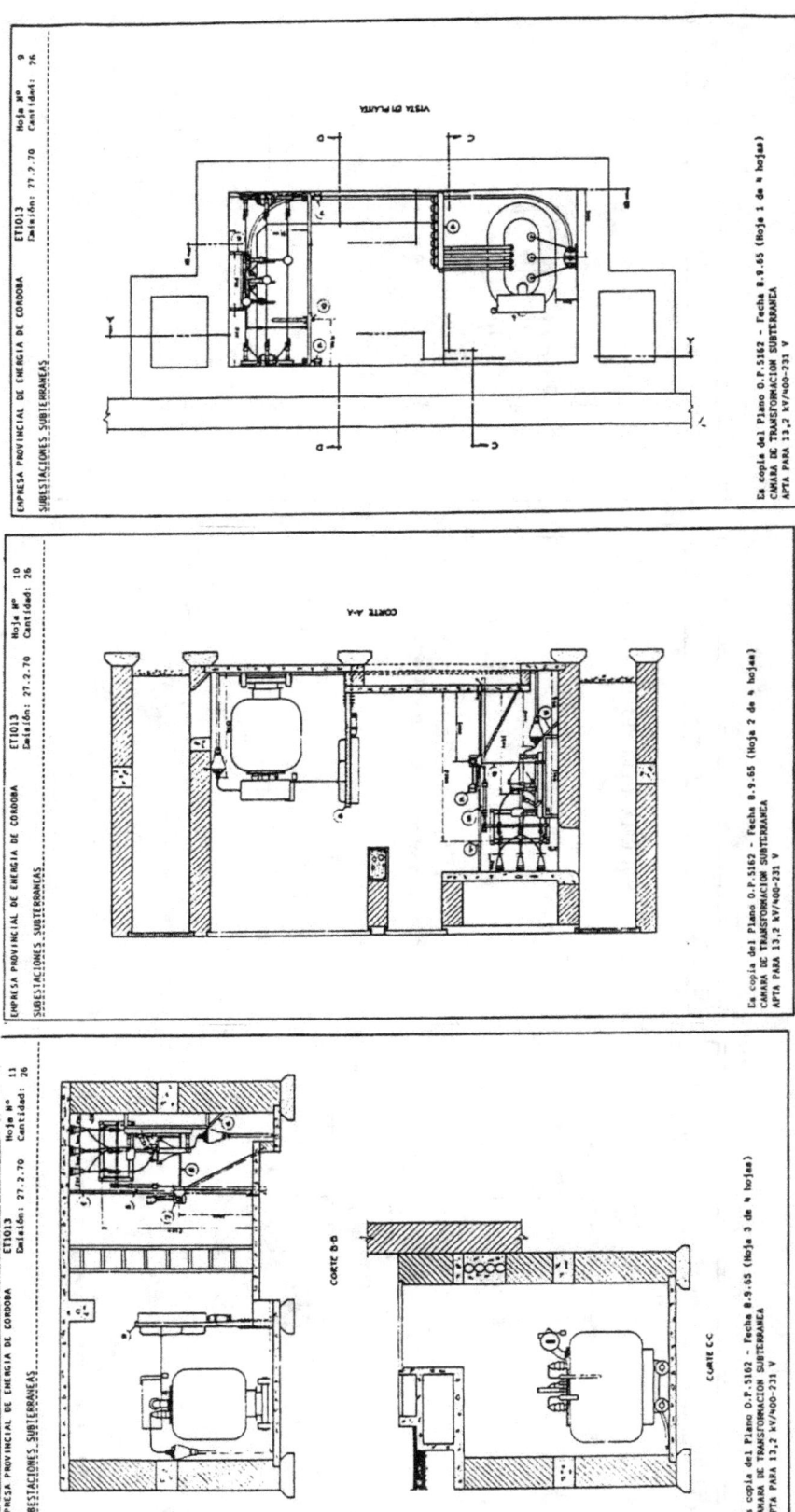

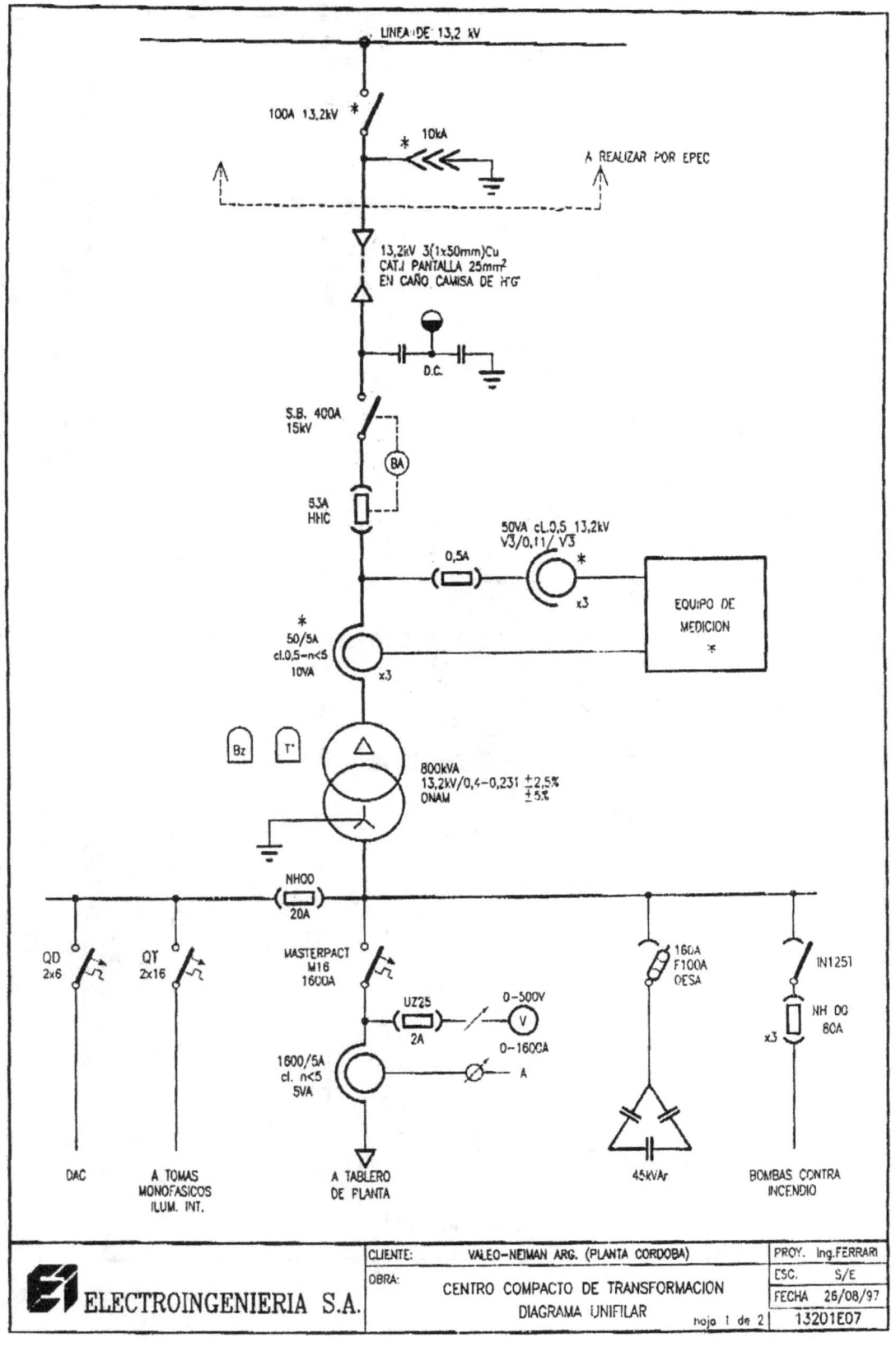

LINEA DE 13,2 kV

100A 13,2kV *

* 10kA

A REALIZAR POR EPEC

13,2kV 3(1x50mm)Cu
CAT.I PANTALLA 25mm²
EN CAÑO CAMISA DE H°G°

D.C.

S.B. 400A
15kV

BA

53A
HHC

0,5A

50VA cL.0,5 13,2kV
√3/0,11/√3
*

x3

*
50/5A
cl.0,5-n<5
10VA

x3

EQUIPO DE
MEDICION
*

Bz   T°

800kVA
13,2kV/0,4-0,231 ±2,5%
ONAM   ±5%

NH00
20A

QD
2x6

QT
2x16

MASTERPACT
M16
1600A

UZ25
2A

0-500V
V

0-1600A

160A
F100A
OESA

IN1251

NH 00
80A

x3

1600/5A
cl. n<5
5VA

A

DAC

A TOMAS
MONOFASICOS
ILUM. INT.

A TABLERO
DE PLANTA

45kVAr

BOMBAS CONTRA
INCENDIO

CLIENTE:	VALEO-NEIMAN ARG. (PLANTA CORDOBA)	PROY. Ing.FERRARI
OBRA:	CENTRO COMPACTO DE TRANSFORMACION	ESC. S/E
	DIAGRAMA UNIFILAR	FECHA 26/08/97
	hoja 1 de 2	13201E07

ELECTROINGENIERIA S.A.

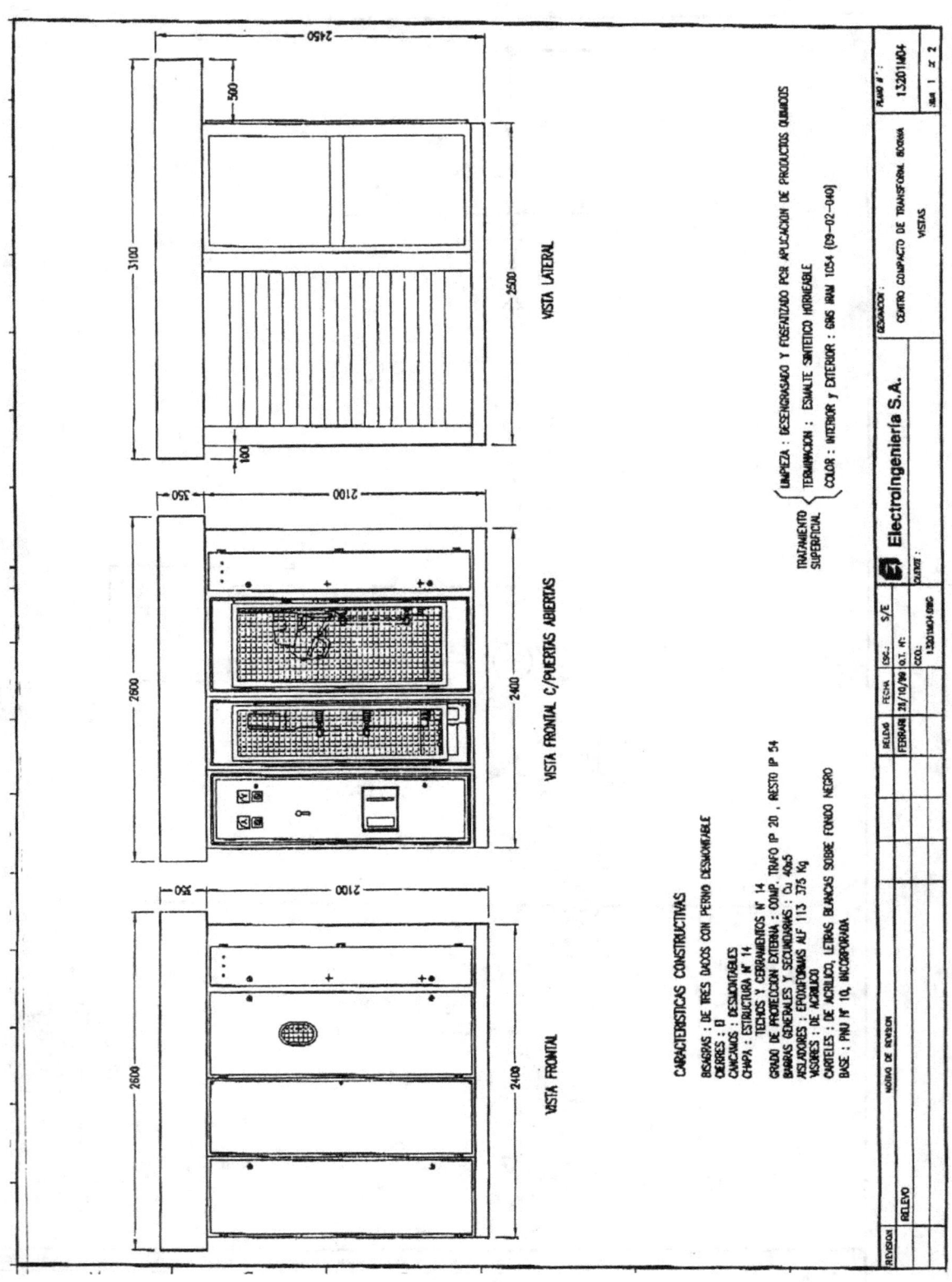

BIBLIOGRAFÍA

- Holtz, Alfred. La escuela del Técnico Electricista. Labor 1946.
- Checa, Luis María. Líneas de Transporte de Energía. MARCOMBO SA. 1973.
- Manual AEG.
- Pliego Gneral de Especificaciones Técnicas. EPEC.
- Cartas Técnicas. EPEC.
- Revista Electrotecnica. Asoc. Arg. De Electrotécnicos y Comité Electrotécnico Argentino.
- Redolfi, E. y Terzariol, R. Cimentaciones de postes y columnas sometidos a momentos de vuelco.
- Olivero, Pérez Solares, Torassa, Pedroni. Guía de Estudios Electrotecnia III.

La presente edición de *Distribución de la Energía Eléctrica* se terminó de imprimir en Universitas en el mes de junio de 2005.

Impreso en Argentina

www.ingramcontent.com/pod-product-compliance
Lightning Source LLC
Chambersburg PA
CBHW081513220526
45467CB00010B/2905